审计署计算机审计中级培训系列教材

程序设计基础及应用

刘晓梅　李春强　编著

清华大学出版社

北京

内 容 简 介

本书以 Visual Basic 6.0 中文版为语言背景,以任务驱动和项目教学作为编写原则,培养读者的实际操作能力。全书以一个完整、实用的信息管理系统——"银行贷款系统"的开发为例,对怎样使用 Visual Basic 进行 Windows 应用程序开发做了系统的介绍。打破了传统 Visual Basic 教材的理论化的编排模式,知识的引入完全按照系统开发需求而定。书中使用大量的例子介绍程序设计的方法,读者可通过阅读本书,透彻体会程序设计思想,学会程序设计。

本书作为国家审计署计算机审计中级培训的系列教材,也适合本科教学,适合的专业有信息管理与信息系统、计算机审计、电子商务和管理科学等,也可作为从事软件开发和应用的工程技术人员的参考书。

图书在版编目(CIP)数据

程序设计基础及应用/刘晓梅,李春强编著. —北京:清华大学出版社,2010.7
(审计署计算机审计中级培训系列教材)
ISBN 978-7-302-22970-4

Ⅰ. ①程…　Ⅱ. ①刘…　②李…　Ⅲ. ①BASIC 语言－程序设计－技术培训－教材
Ⅳ. ①TP312

中国版本图书馆 CIP 数据核字(2010)第 105439 号

责任编辑:王　青
责任校对:王凤芝
责任印制:杨　艳

出版发行:清华大学出版社　　　　　　　地　　　址:北京清华大学学研大厦 A 座
　　　　　http://www.tup.com.cn　　　邮　　　编:100084
　　　　社　总　机:010-62770175　　　邮　　　购:010-62786544
　　　投稿与读者服务:010-62776969,c-service@tup.tsinghua.edu.cn
　　　质　量　反　馈:010-62772015,zhiliang@tup.tsinghua.edu.cn
印　装　者:北京鑫海金澳胶印有限公司
经　　　销:全国新华书店
开　　　本:185×260　　　印　　张:17　　　字　　　数:382 千字
版　　　次:2010 年 7 月第 1 版　　　印　　　次:2010 年 7 月第 1 次印刷
印　　　数:1～5000
定　　　价:29.00 元

产品编号:038562-01

强化计算机培训，加快审计信息化
建设。

雪峰
二〇〇二年
五月

审计署计算机审计中级培训系列教材编写委员会

主　任：石爱中（副审计长）

副主任：王智玉（审计署计算机技术中心主任）

　　　　杜林（北京信息科技大学校长）

委　员：陈太辉（审计署培训中心主任）

　　　　胡大华（审计署人事教育司副司长）

　　　　许晓革（北京信息科技大学副校长）

　　　　李　玲（审计署南京特派员办事处特派员）

　　　　刘汝焯（原审计署京津冀特派员办事处特派员）

　　　　于广军（审计署计算机技术中心副主任）

审计署计算机审计中级培训系列教材编写组

组　　长：王智玉(审计署计算机技术中心主任)

副组长：于广军(审计署计算机技术中心副主任)

　　　　杜光宇(审计署人事教育司教育职称处处长)

　　　　程建勤(审计署计算机技术中心应用技术推广处处长)

　　　　李　忱(北京信息科技大学信息管理学院院长)

　　　　万建国(审计署南京特派办计算机审计处副处长)

成　　员：吕继祥(北京信息科技大学信息管理学院教师)

　　　　车　蕾(北京信息科技大学信息管理学院教师)

　　　　王晓波(北京信息科技大学信息管理学院教师)

　　　　刘晓梅(北京信息科技大学信息管理学院教师)

　　　　宋燕林(北京信息科技大学信息管理学院教师)

　　　　赵　宇(北京信息科技大学信息管理学院教师)

　　　　乔　鹏(审计署计算机技术中心高级工程师)

　　　　李湘蓉(北京信息科技大学信息管理学院教师)

　　　　吴笑凡(审计署南京特派办计算机审计处审计师)

　　　　李春强(北京信息科技大学信息管理学院教师)

　　　　卢益清(北京信息科技大学信息管理学院教师)

　　　　张　莉(北京信息科技大学信息管理学院教师)

序

从一定意义上讲,中国审计的根本出路在于信息化,信息化的关键在于数字化。审计信息化、数据化不只是一种理念,更是一种手段、一种方式和一种发展趋势。当前的审计信息化建设,以金审工程为依托,以创新审计方法和技术手段为基础,着力提高审计工作的技术含量和技术水平,目的是促进公共管理行为的进一步规范,促进公共管理绩效的进一步提高,维护国家经济安全,发挥审计保障国家经济社会健康运行的"免疫系统"功能。

建立数字化审计工作模式,除了计算机和网络等物质条件外,更需要广大审计干部发挥聪明才智,积极探索符合我国审计工作实际的先进技术方法。要提高对审计信息化建设重要性、紧迫性的认识,重视信息化的工程建设,还要创造条件培养更多的高技术人才,让掌握先进技术的人员发挥更大作用。

2001年,审计署开始计算机审计中级培训,其目标是使参加中级培训的审计人员成为计算机审计骨干,标准是"五能",即:一能打开被审计单位数据库;二能将被审计单位的数据导出到审计人员的计算机中并转换成为审计人员可阅读的数据格式;三能使用具有查询分析功能的通用软件或审计软件来查询、分析数据;四能在审计现场搭建临时网络;五能排除常见的软硬件故障。2001年印发了中级培训大纲,编写了中级培训教材;2007年又对中级培训大纲进行了修改。

近10年来,审计署举办了29期集中培训,同时指导地方审计机关参照审计署的模式自行培训,组织了42次计算机审计中级水平考试,共有3314人通过了严格的考试。这些同志中的绝大多数在审计一线发挥了骨干作用,更重要的是经过强化训练,建立了信息化条件下如何开展审计的思维,建立了现代计算机技术用于审计工作的思维,提高了这些审计业务骨干的综合素养,使我们的审计工作效率得到了很大的提高,审计工作的知识含量和信息化水平也得到了很大的提高。

计算机技术在发展,审计的手段和方式也在变革,中级培训工作也应与时俱进地革新。本着创新、继承和调整的改革原则,审计署计算中心与北京信息科技大学结合教学实践和计算机技术的新发展,对中级培训各门课程的大纲和教材的修改逐一进行了反复研究,最终确定了课程保留、调整、完善的内容,形成了《审计署计算机审计中级培训大纲(2010版)》,重新编写了《审计署计算机审计中级培训系列教材(2010版)》。期待更多的审计人员通过中级培训教材的学习,理论联系实际,成为计算机审计的能手。

2010年5月于中央党校

前　言

　　Visual Basic 是一种功能强、效率高、容易学习的编程语言,它提供了一种可视化的软件开发环境,采用面向对象技术和事件驱动机制,从而使编程难度降低,效率得以提高。它一经面世,就在世界范围内得到迅速、广泛的应用,成为最流行的程序设计语言。但传统的 Visual Basic 教材过于理论化,不能使初学程序设计的读者轻松地进行 Visual Basic 实际应用软件的开发。

　　本书的编写充分考虑了大多数审计人员没有程序设计基础的特点,力图将教学与应用软件的实际开发过程有机地结合起来,增强教学的趣味性,调动读者的学习积极性。全书围绕如何创建设计"银行贷款系统"展开详尽的叙述,通过实例讲解知识、介绍操作技能;知识与技能的讲解采用层层递进的方法,既有利于教学的组织,也有利于读者的学习。

　　全书围绕应用程序开发的完整过程,共分 13 章,内容包括引例介绍、系统数据库创建、系统登录界面设计、简单登录密码设计、数据库访问的实现、系统主界面设计、基本资料模块设计、借款管理模块设计、账款管理模块设计、应用程序的文件操作、应用程序的打包和发布、程序调试与错误处理、程序设计在审计工作中的应用。其中第 1～9 章、第 13 章由刘晓梅编写,第 10～12 章由李春强编写。每章都配有明确的教学目标和理论知识,让读者通过完成各个任务来学习 Visual Basic 中主要的操作方法和相关知识。

　　根据教学目标采用任务驱动方式进行编写是本书的主要特点。根据系统开发要求,本书打破了传统 Visual Basic 教材的理论化的编排模式,知识点的引入完全取决于系统的开发需求。每一章的基础知识部分介绍了程序设计的精髓,通过大量例子让读者透彻体会程序设计的思想,学会程序设计的方法。

　　通过本课程的教学,读者将在掌握程序设计基础概念的基本上,总体能力可以达到如下的要求:

　　(1) 能使用 Visual Basic 语言设计一般难度的应用程序。

　　(2) 透彻体会程序设计的思想,学会程序设计的方法。

　　(3) 能利用数据库系统创建数据库、数据表,修改数据表结构,建立表间关系并进行数据的浏览、添加、删除和查找。

　　(4) 能综合运用 Visual Basic 集成开发环境和数据库系统开发完成一般难度的数据库应用程序。

　　(5) 体会程序设计在审计工作中的应用。

　　本书凝聚了编者多年的程序设计教学及数据库应用系统开发的经验,通俗易懂,概念清晰,逻辑性强,层次分明,并附有大量例题。

　　由于编写时间紧,编者水平有限,书中难免存在一些不足之处,恳请读者批评指正。

编　者

2010 年 5 月

目　　录

第 1 章 引　　例

本章的教学目标:
- 了解银行贷款系统的功能与效果。

1.1　目标任务

提前消费的观念在现代社会越来越被中国人所接受,因此人们与银行贷款业务接触越来越多,车贷、房贷、房屋抵押贷款……这些名词大家都耳熟能详。办理这些业务的银行、担保公司甚至普通用户都需要一款功能完善、界面友好、实用方便的银行贷款系统。银行贷款系统不仅可以帮助业务人员记录庞大的贷款信息,提高工作效率,还可以帮助普通用户了解自己的贷款信息,计算每月的还款额、利息等。

1. 系统任务

银行贷款系统是银行管理贷款业务的重要工具,一款比较完善的银行贷款系统应该主要包括以下几项。

(1) 用户管理:主要负责管理使用系统的操作人员;

(2) 贷款人管理:主要负责管理贷款人信息;

(3) 贷款信息管理:主要负责管理贷款人的贷款信息;

(4) 还款信息管理:主要负责管理贷款人的还款信息;

(5) 贷款计算:主要负责计算贷款人的每月还款额、利息等;

(6) 查询功能:主要负责对各种信息的查询,包括对某个还款人还款记录的查询、余额的查询等。

2. 系统目标

银行贷款系统不仅适用于银行、担保公司的业务人员,也适用于普通用户。该系统的逻辑不太复杂,适用于程序设计的初学者。开发该系统的主要目的是共享数据、减低成本、提高效率等。一般来说,银行贷款系统应该达到以下目标:

(1) 能够管理不同权限的操作人员档案;

(2) 能够根据贷款信息自动初始化还款信息,减少人工的参与和基础信息的录入,具有良好的自治功能和信息循环;

(3) 能够根据操作人员输入还款信息,自动计算余额,减轻操作人员的工作压力,降低管理成本;

(4) 能够快速地进行各种查询和过滤;

（5）能够以各种形式查看贷款人、贷款信息和还款信息。

1.2 基础知识

根据银行贷款系统的功能和目标，一个标准的银行贷款系统应该包含如图 1.1 所示的功能模块，每一个功能模块又包含一系列的子模块。

1. 登录系统

"登录系统"的功能是自动将"用户表"中的用户名添加到组合框列表中，让操作人员在组合框中选择用户名，在密码框中输入密码，验证密码的正确性。密码正确则进入系统主界面，如果连续三次密码输入错误则退出系统。用户信息主要包括用户号、用户名、密码和用户类型。

2. 基本资料

图 1.2 是"基本资料"功能模块。

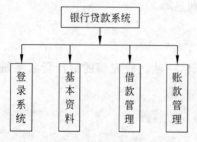

图 1.1 银行贷款系统的功能模块

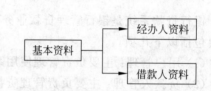

图 1.2 "基本资料"功能模块

（1）"经办人资料"模块完成浏览、添加、删除经办人信息，只有当操作人员的用户类型为"经理"时，才有管理这个模块的权限，一般经办人没有此权限。

（2）"借款人资料"模块完成浏览、添加、删除借款人信息。借款人信息主要包括法人编号、单位名称、经济性质、注册资金、法定代表人、法人联系电话。

3. 借款管理

图 1.3 是"借款管理"功能模块。

（1）"借款单"模块完成单条记录浏览借款信息，添加、删除和查找符合条件的借款信息。借款信息主要包括借款单号、法人编号、贷款日期、贷款金额、贷款期限、贷款利率、还款方式以及经办人等。

（2）"借款单汇总"模块以列表形式浏览所有借款信息，还可以过滤符合条件的借款信息。

4. 账款管理

图 1.4 是"账款管理"功能模块。

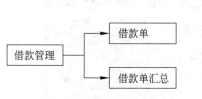

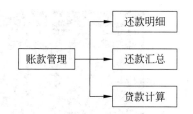

图1.3 "借款管理"功能模块   图1.4 "账款管理"功能模块

（1）"还款明细"模块完成单条记录浏览还款信息，添加、删除和过滤符合条件的还款信息。还款信息主要包括借款单号、还款时间、法人编号、偿还本金、偿还利息、剩余本金和经办人号。在此功能模块中，操作人员手工输入借款单号、还款时间、法人编号、偿还利息、偿还本金以及经办人号，其中"剩余本金"不能手工输入，其值自动计算，等于用户上次还款后剩余本金减去本次所还本金。

（2）"还款汇总"模块以列表形式浏览所有还款信息，可以根据法人的编号过滤符合条件的还款信息。

（3）"贷款计算"模块根据操作人员输入的贷款方式、贷款总额、贷款期限和贷款年利率，计算出每月的偿还利息、偿还本金以及剩余本金，还可以计算还款总额以及支付的总利息。

1.3 效果及功能

1. 系统登录与系统主界面

（1）运行程序后出现如图1.5所示的"系统登录"界面，组合框中自动添加用户表中的所有用户名称，用户在密码框中输入密码，单击"登录"按钮，如果密码验证正确，则进入如图1.6所示的"系统主界面"，如果操作人员连续三次错误输入密码则退出系统。

（2）当用户在登录界面选择用户名，输入的密码正确后，进入系统主界面，如图1.6所示。单击各菜单项时，会看到它们的子菜单项。主界面最下面是状态栏，其中第一个框架显示系统日期；第二个框架显示系统时间；第三个框架显示当前登录用户名。

图1.5 "系统登录"界面

2. "基本资料"功能

（1）"经办人资料"模块主要负责管理经办人资料，包括浏览、添加、删除经办人的信息，界面如图1.7所示。"第一条"、"下一条"、"上一条"和"末一条"按钮实现记录的浏览操作。单击"添加"按钮，显示信息的文本框置空，用户输入信息。单击"取消"按钮取消添加操作。单价"更新"实现记录的更新操作，即把输入的新记录真正地添加到数据库中。

图 1.6　系统主界面

单击"删除"按钮删除当前记录。单击"退出"按钮,关闭"经办人资料"界面,回到贷款系统主界面。

（2）"借款人资料"模块主要负责管理借款人资料,包括浏览、添加、删除借款人的信息,其界面如图 1.8 所示。

图 1.7　"经办人资料"界面

图 1.8　"借款人资料"界面

3. "借款管理"功能

（1）"借款单"模块完成单条记录浏览借款信息,添加、删除和查找符合条件的借款信息,其界面如图 1.9 所示。如果登录用户的类型为"经理",则可查看所有借款信息;如果登录用户的类型为"经办人",只能查看该经办人添加的记录。单击"更新"按钮,实现记录的更新操作。在更新前需判断主码是否唯一,如果主码不唯一,则弹出对话框提醒用户并要求重新输入;如果主码唯一,则添加到记录集及数据库中。

（2）"借款单汇总"界面以列表形式浏览所有借款信息，还可以过滤符合条件的借款信息，其界面如图 1.10 所示。

图 1.9 "借款单"界面　　　　　　　　图 1.10 "借款单汇总"界面

4. "贷款计算"功能

（1）"还款明细"模块完成单条记录浏览还款信息，添加、删除和过滤符合条件的还款信息，其界面如图 1.11 所示。操作人员手工输入法人编号、借款单号、还款时间、偿还本金、偿还利息和经办人号，其中"剩余本金"文本框不能输入只能输出，其值自动计算，等于用户上次还款后剩余本金减去本次所还本金。

（2）"还款汇总"模块以列表形式浏览所有还款信息，还可以根据法人编号过滤出某法人的还款信息，其界面如图 1.12 所示。

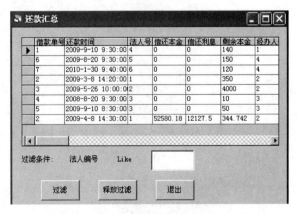

图 1.11 "还款明细"界面　　　　　　　图 1.12 "还款汇总"界面

（3）"贷款计算"界面中操作人员选择还款方式，输入贷款总额、贷款期限以及贷款年利率，选择贷款期限的单位（年或者月），单击"计算"按钮，计算每月的偿还利息、偿还本金以及剩余本金，还可以计算还款总额以及支付的总利息，其界面如图 1.13 所示。

图 1.13 "贷款计算"界面

第 2 章 系统数据库创建

本章的教学目标：

- 掌握使用桌面数据软件 Access 进行小型数据库设计的方法；
- 掌握常用 SQL 语句的书写语法；
- 掌握用 SQL Server 创建数据库、导入导出数据库的操作步骤。

2.1 目标任务

几乎所有的应用程序都需要存放大量的数据，并将其组织成易于读取的格式，这种要求通常可以通过数据库管理系统来实现。数据库系统提供了数据在数据库内存放方式的管理能力，使编程人员不必像使用文件那样需要考虑数据的具体操作或数据连接关系的维护。数据库是一组排列成易于处理和读取的相关信息的组合。其中，关系型数据库模型已经成为数据库设计事实上的标准。这不仅因为关系型数据库模型的强大功能，而且因为它提供了被称为结构化查询语言（SQL）的标准接口。

关系型数据库模型把数据用表的集合形式来给予表示。通过建立简单表之间的关系来定义结构，而不是根据数据的物理存储方式建立数据中的关系。不管表在数据库文件中的物理存储方式如何，都可以把它们看成一组行和列。在关系型数据库中，行被称为记录，列被称为字段。表是有关信息的逻辑组。图 2.1 给出了一张用户表，表中的每一行数据就是一条记录，它包含了特定用户的信息，而每条记录都包含相同类型和数量的字段，例如，用户 ID 、用户名称、密码、用户类别等就是每一列的名称，这就是字段。每个表都应该有一个主关键字（简称主键），主键可以是表的一个或几个字段的组合，且对表中的每一行都是唯一的。在用户表中，用户类别不能作为主键，因为有重复值，不能唯一确定某一行。同样的道理，用户名称和密码都是不合适的字段。所以，在该表中添加了一列名为 UID 的字段，只是为了作主键用，没有太多的意义。定义了主键的表，可以大大加快数据的访问速度。

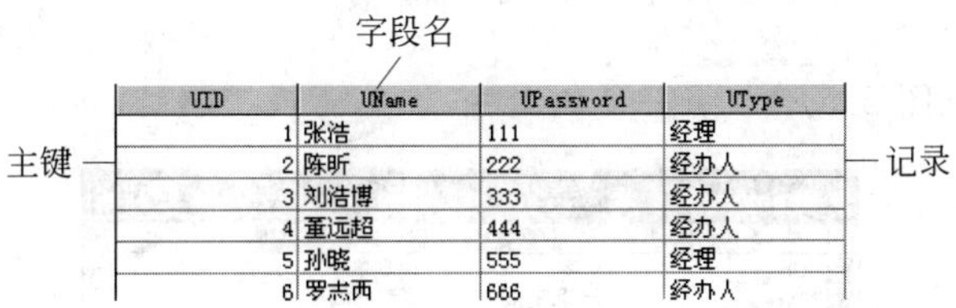

图 2.1 用户表

目前较为流行的桌面数据库 Microsoft Access、大型网络数据库 Microsoft SQL Server、Oracle 和 Sybase 等都属于关系型数据库。本章以 Microsoft Access 桌面数据库和 Microsoft SQL Server 大型网络数据库为例来创建 VB 的数据库。

2.2 效果及功能

根据第 1 章引例中描述的系统功能和关系数据库的理论，数据库的设计关键是数据表的设计，把通过详细调查获得的数据进行仔细分析，去伪存真，最后归纳为数据库软件能够识别的数据表格形式。根据第 1 章引例的描述，把银行贷款系统的数据库归纳出 4 个数据表(用户表、法人表、贷款表和还款表)。图 2.2～图 2.5 给出了它们的具体描述，包括字段名称、数据类型、说明等信息。

(1) 用户表(见图 2.2)

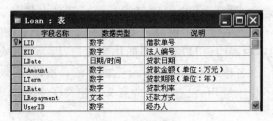

UserT : 表

字段名称	数据类型	说明
UID	数字	用户号
UName	文本	登录名
UPassword	文本	登录密码
UType	文本	用户类别 经理，经办人。

图 2.2　用户表

(2) 法人表(见图 2.3)

LegalEntity : 表

字段名称	数据类型	说明
EID	数字	法人编号
EName	文本	单位名称
ENature	文本	[illegible]性质
ECapital	数字	注册资金(单位：万元)
ERep	文本	法定代表人Representative
ETel	文本	法人联系电话

图 2.3　法人表

(3) 贷款表(见图 2.4)

Loan : 表

字段名称	数据类型	说明
LID	数字	借款单号
EID	数字	法人编号
LDate	日期/时间	贷款日期
LAmount	数字	贷款金额(单位：万元)
LTerm	数字	贷款期限(单位：年)
LRate	数字	贷款利率
LRepayment	文本	还款方式
UserID	数字	经办人

图 2.4　贷款表

(4) 还款表(见图 2.5)

Repayment : 表

字段名称	数据类型	说明
LID	数字	借款单号
RDate	日期/时间	还款时间
EID	数字	法人编号
Principal	数字	principal本金
Interest	数字	利息
Remainder	数字	剩余本金
UserID	数字	经办人的用户号

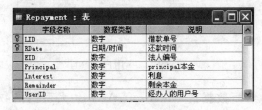

图 2.5　还款表

2.3 基础知识

结构化查询语言(Structured Query Language,SQL)是对存放在计算机数据库中的数据进行组织、管理和检索的一种工具。SQL是针对关系型数据库使用的,关系数据库都支持SQL。用户想要检索数据库中的数据时,可以通过SQL语言发出请求,数据库管理系统会对该SQL请求进行处理并检索所要求的数据,将结果返回给用户,此过程被称为数据库查询,这也是数据库查询语言SQL这一名称的由来。SQL是目前使用最广的并且是标准的数据库查询语言。SQL语句使得存取或更新信息变得十分容易。SQL语言中常用的语句有SELECT、DELETE、UPDATE、INSERT、WHERE、DROP、ALTER、CREATE等。由于SQL语言非常强大,它涉及数据库管理的方方面面,这里只讲解本书涉及的知识点。

下面的例子都是针对如图2.6所示的数据表进行讲解的,表的名称是“法人表”,各字段含义见图2.3。

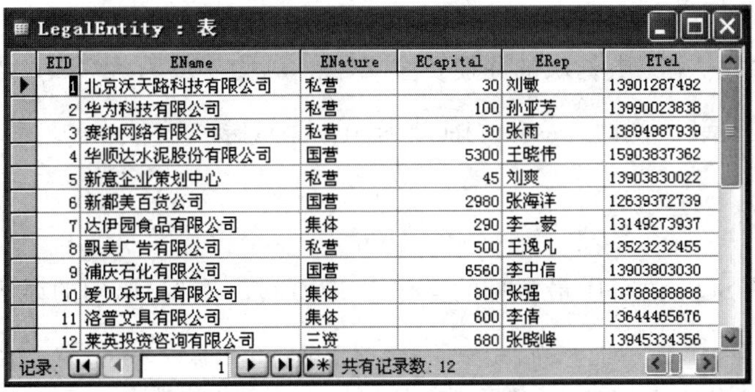

LegalEntity : 表

EID	EName	ENature	ECapital	ERep	ETel
1	北京沃天路科技有限公司	私营	30	刘敏	13901287492
2	华为科技有限公司	私营	100	孙亚芳	13990023838
3	赛纳网络有限公司	私营	30	张雨	13894987939
4	华顺达水泥股份有限公司	国营	5300	王晓伟	15903837362
5	新意企业策划中心	私营	45	刘爽	13903830022
6	新都美百货公司	国营	2980	张海洋	12639372739
7	达伊园食品有限公司	集体	290	李一蒙	13149273937
8	飘美广告有限公司	私营	500	王逸凡	13523232455
9	浦庆石化有限公司	国营	6560	李中信	13903803030
10	爱贝乐玩具有限公司	集体	800	张强	13788888888
11	洛普文具有限公司	集体	600	李倩	13644465676
12	莱英投资咨询有限公司	三资	680	张晓峰	13945334356

记录: 1 共有记录数: 12

图2.6 “法人表”数据

1. 插入、删除、更新语句

在SQL语言中,用来改变数据源的语句有INSERT(插入)语句、DELETE(删除)语句和UPDATE(更新)语句。

(1) INSERT语句

常见的INSERT语句有如下两种:

```
INSERT INTO 表名[(字段名 1[,字段名 2,…])] VALUES [(常量 1[,常量 2,…])]
```

和

```
INSERT INTO 表名[(字段名 1[,字段名 2,…])] 子查询
```

例如,现在要在“法人表”中插入一行数据。

```
INSERT INTO LegalEntity(EID,EName,ENature,ECapital,ERep,ETel) VALUES(13,'爱因美食品
```

有限公司','三资',500,'高诚','13922930012')

例如,现在有一个"临时法人表",其结构与"法人表"完全相同,现在要把"法人表"中的 12 行数据全部插入"临时法人表"中。它的 SQL 语句如下:

```
INSERT INTO 临时法人表 SELECT * FROM LegalEntity
```

（2）DELETE 语句

DELETE 语句的语法如下:

```
DELETE FROM 表名 [WHERE <条件表达式> [AND|OR <条件表达式>]]
```

例如,删除"法人表"中法定代表人为李倩的记录,SQL 语句如下:

```
DELETE FROM LegalEntity WHERE ERep='李倩'
```

（3）UPDATE 语句

UPDATE 语句的语法如下:

```
UPDATE 表名 SET 字段名 1=常量表达式 1 [,字段名 2=常量表达式 2…]WHERE <条件表达式> [AND|
OR <条件表达式>]
```

例如,修改"法人表"中刘敏的注册资金 ECapital 为 100 万元,SQL 语句如下:

```
UPDATE LegalEntity SET ECapital=100 WHERE ERep='刘敏'
```

2. 查询语句

数据查询是 SQL 语言中最常见的操作。SELECT(查询)语句的语法如下:

```
SELECT [ * |DESTINCT] <目标列表达式> [AS 字段名][,<目标列表达式> [AS 字段名]…]
FROM 表名 [,表名…][WHERE <条件表达式> [AND|OR <条件表达式>…]
[GROUP BY 字段名 [HAVING <条件表达式>] ][ORDER BY 字段名 [ASC|DESC]]
```

以下分别对选择列表、WHERE 条件、数值函数、分组子句 GROUP BY、分组条件子句 HAVING、排序子句 ORDER BY 进行详细介绍。

（1）选择列表

① 选择所有列。选择所有列可以用" * "号表示。例如,下面的语句显示"法人表"中所有列的数据:

```
SELECT * FROM LegalEntity
```

② 选择部分列并指定它们的显示次序。查询结果集合中数据的排列顺序与用户所指定的一致。例如,希望得到单位名称、法定代表人和注册资金按此顺序显示,可使用如下语句:

```
SELECT EName,ERep,ECapital FROM LegalEntity
```

③ 更改列标题。在选择列表中,可以重新指定列标题。例如,希望将 EName 显示为单位名称、ERep 显示为法定代表人、ECapital 显示为注册资金,可使用如下语句:

SELECT EName As 单位名称 , ERep As 法定代表人, ECapital As 注册资金 FROM LegalEntity

④ 删除重复行。在查询语句中,可以使用 DISTINCT 选项使所有重复的数据行在 SELECT 返回的结果集中只保留一行。例如,希望查看法人表中有几种经济性质,因为经济性质可能相同,所以需要使用 DISTINCT 选项。

SELECT DISTINCT ENature FROM LegalEntity

⑤ 限制返回的行数。使用 TOP n[PERCENT]选项可限制返回的数据行数。TOP n 说明返回 n 行;TOP n PERCENT 说明返回 n%,指定返回的行数等于总行数的百分之几。例如,希望返回法人表的前 2 条记录,可以使用如下语句:

SELECT TOP 2 * FROM LegalEntity

如果希望返回法人表中数据的 20%,可以使用如下语句:

SELECT TOP 20 PERCENT * FROM LegalEntity

(2) WHERE 条件

在 WHERE 条件中经常用到的谓词有比较、确定范围、确定集合、字符匹配、空值和多重条件共 6 类。

① 比较谓词。常见的比较谓词有=(等于)、>(大于)、<(小于)、>=(大于等于)、<=(小于等于)、!=(不等于)和<>(不等于)。例如,查询姓名为刘敏的法定代表人信息:

SELECT * FROM LegalEntity WHERE ERep='刘敏'

例如,查询姓名不为刘敏的法定代表人信息:

SELECT * FROM LegalEntity WHERE ERep<>'刘敏'

② 确定范围谓词。常见的确定范围谓词有 BETWEEN AND 和 NOT BETWEEN AND 两个。例如,查询注册资金 30 万~100 万元的法人信息,可以使用如下语句:

SELECT * FROM LegalEntity WHERE ECapital BETWEEN 30 AND 100

例如,查询注册资金不在 30 万~100 万元的法人信息,可以使用如下语句:

SELECT * FROM LegalEntity WHERE ECapital NOT BETWEEN 30 AND 100

③ 确定集合谓词。常见的确定集合谓词有 IN 和 NOTIN 两个。例如,查询法定代表人为刘敏和刘爽的信息,可以使用如下语句:

SELECT * FROM LegalEntity WHERE ERep IN('刘敏','刘爽')

④ 字符匹配谓词。常见的字符匹配谓词有 LIKE ("%"匹配任何长度的字符,"_"匹配一个字符)和 NOT LIKE。例如,查询姓刘的法定代表人信息,可以使用如下语句:

SELECT * FROM LegalEntity WHERE ERep LIKE '刘%'

⑤ 空值谓词。常见的空值谓词有 IS NULL 和 IS NOT NULL。例如,查询"法人

表"中法人联系电话为空的记录,可以使用如下语句:

```
SELECT * FROM LegalEntity WHERE ETel IS NULL
```

⑥ 多重条件谓词。常见的多重条件谓词有 AND、OR 和 NOT。例如,在"法人表"中查询姓张的并且注册资金大于 100 万元的法人信息,可以使用如下语句:

```
SELECT * FROM LegalEntity WHERE 姓名 ERep LIKE '张%' AND ECapital>100
```

(3) 数值函数

常见的数值函数有 COUNT(计数)、MIN(求最小值)、MAX(求最大值)、AVG(求平均值)和 SUM(求总和)共 5 个。例如,统计法人表记录个数,可以使用如下语句:

```
SELECT COUNT(*) FROM LegalEntity
```

(4) 分组子句 GROUP BY

CROUP BY 子句可以对记录进行分类统计。例如,因为经济性质有多种,要求每种经济性质的平均注册资金,首先应该把经济性质相同的法人分成一组,每一组的数据求平均值,语句如下:

```
SELECT ENature, AVG(ECapital) As EAvgCapital FROM LegalEntity GROUP BY ENature
```

(5) 分组条件子句 HAVING

HAVING 子句用来筛选符合某些条件的记录,只能用于 GROUP BY 子句之后。例如,查询平均注册资金大于 300 万元的经济性质,可以使用如下语句:

```
SELECT ENature, AVG(ECapital) As EAvgCapital FROM LegalEntity GROUP BY ENature HAVING
AVG(ECapital)>300
```

(6) 排序子句 ORDER BY

ORDER BY 子句一般用于所有子句的最后,主要用来排序:升序用 ASC;降序用DESC。例如,得到按注册资金升序排序的法人信息,可以使用如下语句:

```
SELECT * FROM LegalEntity GROUP BY ENature ORDER BY ECapital Asc
```

(7) 多表查询

如果所查询的数据来自多个表,可以在 FROM 命令后面分别列出各个数据表,中间用逗号分割。如果结果中需要多个表中重复的字段,则该字段应该加表前缀,表示该字段来自哪张表。通常后面还应该包括多个表中的数据对应条件。

例如,法人表(法人编号,单位名称),贷款表(借款单号,法人编号,贷款金额)。查询包含法人编号、单位名称、借款单号、贷款金额的记录集,可以使用如下语句:

```
SELECT LegalEntity.EID,EName,Loan.LID,LAmount FROM LegalEntity, Loan WHERE
LegalEntity.EID=Loan.EID
```

可以为表指定别名,如:

```
SELECT a.EID,EName,b.LID,LAmount FROM LegalEntity a, Loan b WHERE a.EID=b.EID
```

2.4　实现步骤

1. 使用 Microsoft Access 创建数据库

Access 是 Microsoft Office 的组件之一,选择"开始—程序—Microsoft Office—Microsoft Office Access 2003",就可以启动 Microsoft Access,其界面如图 2.7 所示。

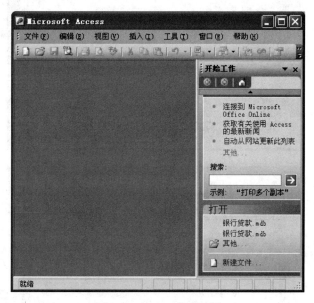

图 2.7　Access 启动界面

（1）建立数据库

这里要创建一个空的数据库,单击"新建文件…",在出现的界面右侧"新建文件"面板中,选择"空数据库…"。可以打开"文件新建数据库"对话框,在该对话框中选择保存位置并输入文件名（如银行贷款系统）,然后单击"创建"按钮,就可以建立一个空白的数据库。

（2）建立数据表

新建一个空白数据库后,在 Microsoft Access 主窗口中将会出现如图 2.8 所示的数据库管理窗口。在此窗口中可以管理 Access 数据库的各个组成部分。

因为这里要创建数据表,所以要确保图 2.8 左边面板中的表对象是选中状态。右边的三个条目表示创建表的三种不同方式。"使用设计器创建表"是比较常用的创建表的方式。双击该项目,可打开如图 2.9 所示的对话框。上面部分由三列组成,第一列中要求输入表的字段名称;第二列表示该字段的数据类型;第三列可以输入一些有关字段的说明文字。

在图 2.9 的第一列输入图 2.1 中给出的字段名称,在第二列中单击鼠标左键,会出现一个下拉列表框,在其中可以选择需要的类型。这时对话框的下面将显示相应字段的一些属性,在其中可以设置字段大小、默认值等,如图 2.10 所示。

图 2.8 数据库管理窗口

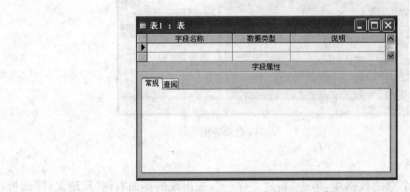

图 2.9 表设计器初始对话框

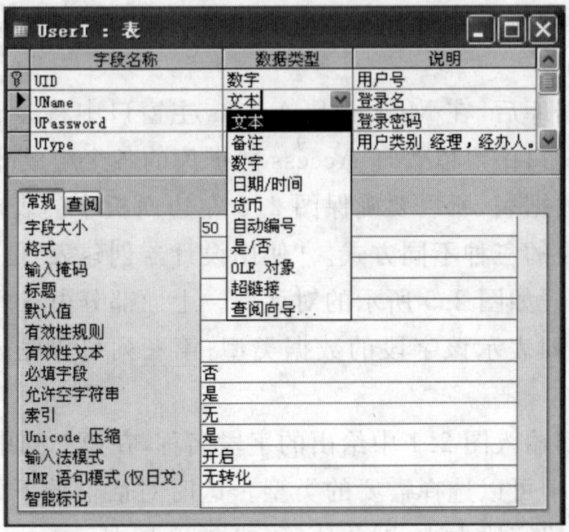

图 2.10 设计表的结构

若需要设置主键，可以选定拟设置为主键的字段，如果需要多个字段，可以按下 Ctrl 键(不连续选择)或 Shift 键(连续选择)，然后单击 Microsoft Access 主窗口工具栏中的“主键”图标，也可以在选中的字段上面单击右键，在弹出的快捷菜单中选择“主键”选项，此时被设为主键的字段名左侧会出现“主键”图标，如图 2.10 所示。同时，该主键的“字段属性”中的“索引”属性将自动设置为“有(无重复)”。

全部字段设置结束后，关闭表设计器对话框，系统将显示提示是否保存的对话框，可根据提示保存新建的数据表并设置表的名称。

若需修改数据表的结构定义(如添加、删除或修改字段)，可在如图 2.11 所示的数据库管理窗口选定数据表(如“UserT”)，然后单击该窗口工具栏中的“设计”按钮，打开如图 2.9 所示的表设计器对话框进行操作。如果要添加一个新表，可再次双击“使用设计器创建表”选项。

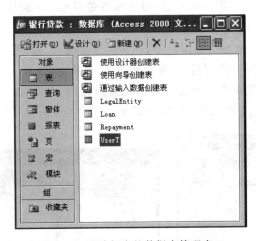

图 2.11　设计好表的数据库管理窗口

(3) 输入记录

如图 2.11 所示，在数据库管理窗口中双击要打开的数据表，或者选定表(如“UserT”)后单击工具栏中的“打开”按钮，打开如图 2.12 所示的数据表对话框，在表中输入数据。输入结束后关闭该对话框，根据系统提示保存数据表。用同样的方法可以建立银行贷款系统的其他数据表。

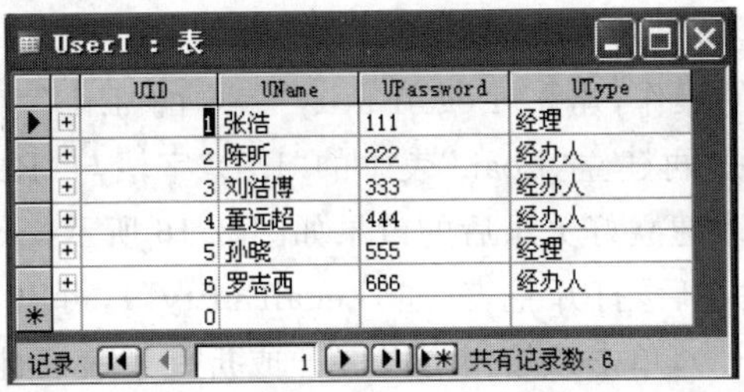

UID	UName	UPassword	UType
1	张浩	111	经理
2	陈昕	222	经办人
3	刘浩博	333	经办人
4	董远超	444	经办人
5	孙晓	555	经理
6	罗志西	666	经办人
0			

图 2.12　向“UserT”表输入数据

（4）建立表间关联关系

在一个数据库中，一般需要用多个表存放不同类别的信息，但表之间又相互关联。例如，在银行管理系统数据库中用"UserT"表存放系统用户的用户号、姓名、密码等基本情况，用"LegalEntity"表存放借款人的基本信息，用"Loan"表存放贷款信息，用"Repayment"表存放还款信息。当需要查询某法人的完整借款信息时，就要从后三张表中获取数据。假如某位借款人的法人号在最初输入时有误，需要修改，则必须确保"LegalEntity"、"Loan"和"Repayment"中的"EID"字段进行同步更改。因此，应当为三张表建立必要的关联关系，并设置参照完整性约束。

建立表间关联关系的前提是两个表各含有一个关联字段（它们的数据类型、长度、是否为空等属性必须相同），其中一个表的关联字段必须被设为主键或具有唯一索引（如"LegalEntity"中的"EID"字段），该表称为"主（父）表"；另一个表称为"从（子）表"（如"Loan"）。关联关系的类型有一对一、一对多和多对多等。下面以"LegalEntity"、"Loan"和"Repayment"为例，简单介绍建立数据表之间关联关系的一般步骤。

① 单击 Microsoft Access 主窗口工具栏的"关系"按钮 ，若数据库中尚未定义任何关系，则在打开"关系"窗口的同时，会弹出如图 2.13 所示的"显示表"对话框。

② 在"显示表"对话框中选定需要建立关系的表，单击"添加"按钮，然后单击"关闭"按钮，屏幕显示如图 2.14 所示的"关系"对话框。

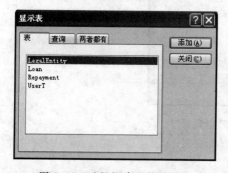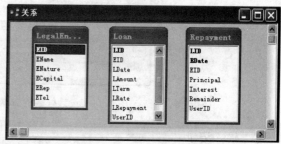

图 2.13　选择拟建立关系的表　　　　图 2.14　"关系"对话框

③ 在"关系"对话框中将"LegalEntity"中的"EID"字段拖放到"Loan"中的"EID"字段上，放开鼠标，弹出如图 2.15 所示的"编辑关系"对话框。

④ 在"编辑关系"对话框中，将"实施参照完整性"、"级联更新相关字段"和"级联删除相关记录"三个复选框全部选中，单击"创建"按钮。

⑤ 重复第③、④步的操作，建立"LegalEntity"表中的"EID"字段与"Repayment"表中的"EID"字段的表间关联，再建立"Loan"表中的"LID"字段与"Repayment"表中的"LID"字段的表间关联。三个表建立好关系后的效果如图 2.16 所示。

⑥ 建立表间关联关系后，打开主表（如"LegalEntity"），可以看到每条记录的左端增加了子表开关按钮（＋、－），单击该按钮可以展开或折叠子表。此时，可以很方便地查看或输入每条记录的子表数据（如该法人借款信息），如图 2.17 所示。按照上述建立数据表之间关系的方法，银行贷款系统 4 张表之间的关系如图 2.18 所示。

图 2.15 "编辑关系"对话框

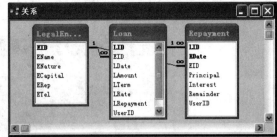

图 2.16 表间关系

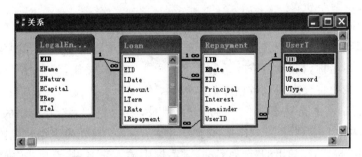

图 2.17 查看或输入子表数据

图 2.18 "银行贷款系统"数据表关系总图

由于 Access 数据处理能力的局限性,当数据量很大时,Access 的性能将显著下降,这时用户可以选用 SQL Server 数据库。

2. 用 Microsoft SQL Server 创建数据库

SQL Server 是 Microsoft 的数据库产品,提供了丰富的数据服务。使用 SQL Server 服务之前,用户需要安装 SQL Server。安装完成后,单击"开始—程序—Microsoft SQL Server 2008"命令,可以看到菜单界面包含多个可选项,包括 SQL Server Management Studio、Analysis Server、导入和导出数据、配置工具等。以下重点讲述如何使用 SQL Server Management Studio,如何建立数据库、表,以及如何通过备份文件还原数据库。

SQL Server Management Studio 方便用户对数据进行管理,用户可以利用它创建数据库、创建表、创建关系、创建触发器等。通过它，用户可以可视化地对数据库进行管理，其界面如图 2.19 所示。

图 2.19　SQL Server Management Studio

（1）创建数据库和表

在 SQL Server Management Studio 左边的树形目录中选择"数据库"，并单击右键，在弹出的快捷菜单中选择"新建数据库…"选项，将出现如图 2.20 所示的"新建数据库"界面。输入数据库名称，如"银行贷款系统"，然后单击"确定"按钮，就完成了数据库的创建。左边的树形目录中将会出现该数据库的名称。

单击"银行贷款系统"左侧的"＋"号展开此目录，然后右击"表"，在弹出的快捷菜单中选择"新建表"选项，将进入如图 2.21 所示的"新建表"界面。首先为表创建字段，然后单击工具栏中的"保存"按钮，在弹出的"选择名称"对话框中输入表名，接着单击"确认"按钮，这样就完成了表的创建。在选择字段的数据类型时，要注意与 Access 数据类型的区别。

（2）导入导出数据库

前一节已经在 Access 中建好了数据库"银行贷款系统"，从而可以通过 SQL Server Management Studio 直接导入数据，而不需要创建数据对象和数据。

① 打开 SQL Server Management Studio，右击"数据库"，选择"新建数据库…"，出现如图 2.20 所示的新建数据库界面，在数据库名称中输入"银行贷款系统 1"，单击"确定"按钮。

② 右击数据库"银行贷款系统 1"，然后在弹出的快捷菜单中选择"任务—导入数据…"选项，进入"SQL Server 导入导出向导"，单击"下一步"，出现如图 2.22 所示的"选择数据源"界面，在数据源中选择"Microsoft Access"，文件名中单击"浏览…"，选择在 Access 已经建好的数据"银行贷款.mdb"，单击"下一步"。

· 18 ·

图 2.20 "新建数据库"界面

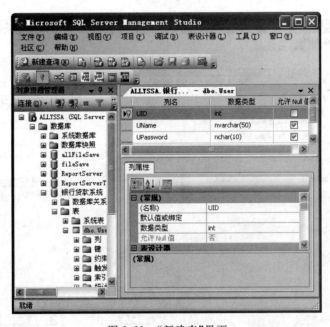

图 2.21 "新建表"界面

③ 在出现的如图 2.23 所示的"选择目标"界面中,目标、服务器名称和数据库内容取默认值。单击"下一步"按钮。在"指定表复制或查询"界面中,保留默认值"复制一个或多个表或视图的数据",单击"下一步"按钮。

④ 在出现的如图 2.24"选择源表和源视图"中,在所有表前的方框中打钩,选择所有

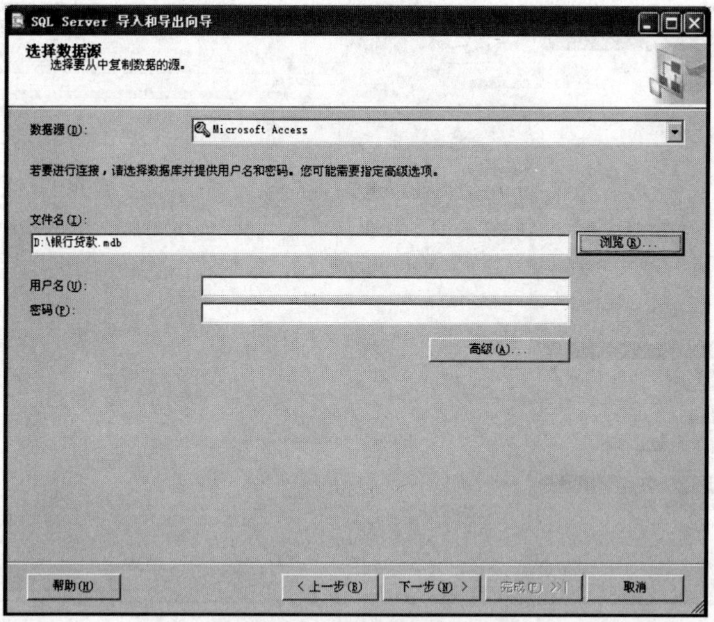

图 2.22 "选择数据源"界面

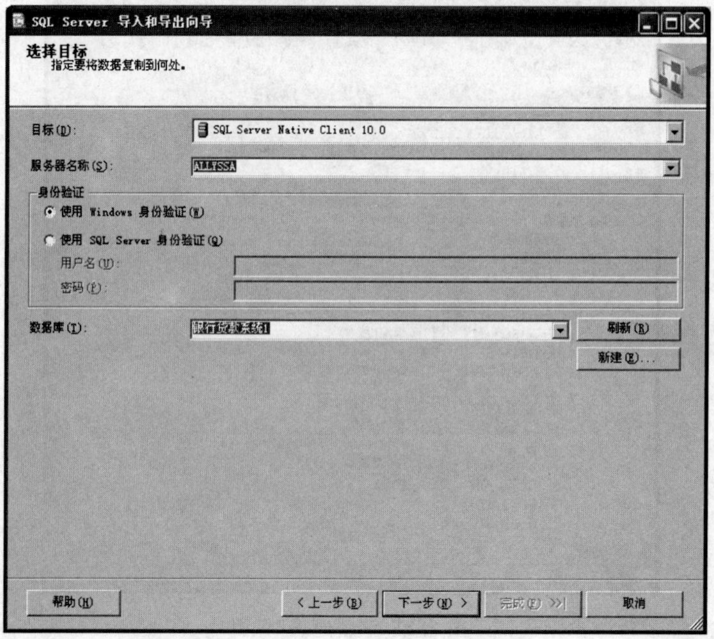

图 2.23 "选择目标"界面

表,然后单击"下一步"按钮。

⑤ 在后面的界面中单击"完成",即可成功导入数据。

导出数据的方法与导入数据类似,这里不再赘述。

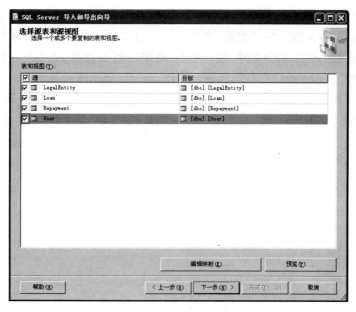

图 2.24 "选择源表和源视图"

（3）还原数据库

如果用户拥有数据库备份文件，那么可以通过 SQL Server Management Studio 直接还原数据库，而不需要创建数据对象和数据。假如用户想还原"银行贷款系统"数据库，可按如下所示的步骤进行操作。

① 打开 SQL Server Management Studio，右击"银行贷款系统"数据库，然后在弹出的快捷菜单中选择"任务—还原—数据库…"选项，进入"还原数据库"对话框，如图 2.25 所示。

图 2.25 "还原数据库"对话框

② 在"还原的目标"中目标数据库取名为"银行贷款系统 1",在"还原的源"中选择"源设备",然后单击右侧的"…"按钮,弹出"指定备份"对话框,选择"添加"按钮,在"定位备份文件"对话框中选择备份文件,然后单击"确定",回到如图 2.25 所示的界面,选择用于还原的备份集,单击"确定",即刻还原数据库。

第 3 章 系统登录界面设计

本章的教学目标：

- 了解 VB 的集成开发环境；
- 理解面向对象、对象、属性、事件、方法等概念；
- 掌握窗体对象的使用方法；
- 掌握按钮、标签、文本框、组合框的使用方法；
- 理解 VB 程序的模块组成；
- 理解编写 VB 应用程序的过程。

3.1 目标任务

设计并实现一个银行贷款系统的登录界面，界面上包含"确定"和"取消"两个按钮，"用户名"、"密码"、"WELCOME"三个标签，一个组合框和一个文本框。单击"确定"按钮，弹出一个对话框；单击"取消"按钮，退出应用程序。

3.2 效果及功能

本程序的外观效果及其所具有的功能如下。

（1）当运行程序的时候，出现如图 3.1 所示的对话框，对话框中有"确定"和"取消"两个按钮，"用户名"、"密码"、"WELCOME"三个标签，一个组合框和一个文本框。

（2）当用户单击"确定"按钮时，会出现如图 3.2 所示的对话框。

图 3.1 "登录系统"对话框

图 3.2 "欢迎进入系统"对话框

（3）单击图 3.2 中的"确定"按钮，关闭该对话框。

（4）单击图 3.1 中的"取消"按钮，将退出应用程序。

3.3 基础知识

3.3.1 VB 开发系统

1. 启动 VB

选择"开始—程序—Microsoft Visual Basic6.0 中文版—Microsoft Visual Basic 6.0 中文版"选项,即可启动 VB,看到如图 3.3 所示的"新建工程"对话框。该对话框中有以下三个选项卡。

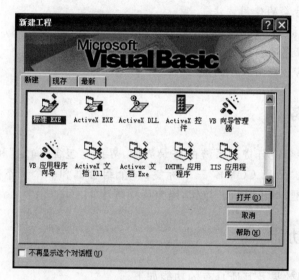

图 3.3 "新建工程"对话框

"新建"选项卡:创建新工程。该选项卡中列出了 VB 能够建立的应用程序类型,其中"标准 EXE"为默认选项,也是开发应用程序的主要类型。

"现存"选项卡:用于选择并打开现有的工程。

"最新"选项卡:列出了最近打开过的工程及其所在文件夹。

VB 是用工程来管理所有内容的。在设计应用程序之前,必须先创建一个新工程。

2. VB 的集成开发环境

在"新建工程"对话框中单击"打开"按钮,即可进入 VB 的集成开发环境,如图 3.4 所示。它为 VB 应用程序的设计、编辑、调试和运行等提供了一个集成环境,主要包括以下几个部分:

* 菜单栏
* 工具箱
* 窗体窗口
* 工程资源浏览窗口

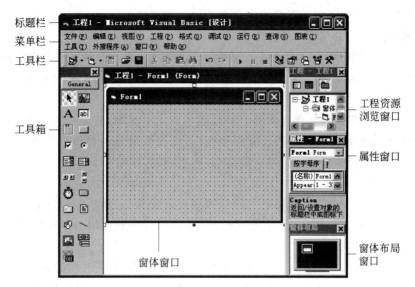

图 3.4　VB集成开发环境

- 属性窗口
- 代码窗口
- 窗体布局窗口

（1）菜单窗口

Visual Basic6.0集成开发环境的菜单窗口中包含了使用VB所需要的操作命令。它由四部分组成，由上至下分为"标题栏"、"菜单栏"、"工具栏"和"数字显示区"。

① 标题栏

标题栏包含了VB工程名，以及VB工作模式如设计时间或运行时间等信息。

② 菜单栏

菜单栏包含了使用VB所需要的所有操作命令。它不仅提供标准菜单，如"文件"、"编辑"、"视图"、"窗口"和"帮助"等菜单，还提供专门用于程序开发的菜单，如"工程"、"调试"、"运行"等菜单。

③ 工具栏

为使编程人员操作方便，VB将一些常用命令以图形按钮的形式放在工具栏中，从而提供了常用命令的快速访问。只要单击工具栏上的命令按钮即可执行相应的功能。

④ 数字显示区

数字显示区提供两方面的信息，并根据不同操作状态显示不同的数字数据。

若VB应用程序正处于窗体编辑状态，显示区中分别显示窗体上正在编辑的对象在窗体上的位置及大小。

如果正在进行程序代码的编辑，显示区中分别显示代码插入点所在的列号和行号。

（2）工具箱

工具箱提供了一组标准控件实现应用程序界面的设计。任何一个应用程序的窗体绝对不会是空无一物的画面，它必须包含一些常见的对象和控件，如命令按钮、文本框、标签、组合框等,用以创建应用程序与用户交流的友好界面。

（3）窗体窗口

Windows 应用程序应该包含一个或多个交互界面,通过这些界面实现用户与系统的交流并完成特定的功能。在 VB 集成开发环境下,应用程序的交互界面称为窗体（Form）。

为了实现特定的功能,交互界面上不可能是空无一物的,它是由一些相关的、满足设计需求的对象架构而成的。在 VB 应用程序中,交互界面是由窗体以及放在窗体上的相互关联的控件,如命令按钮、文本框等对象有机组成的,如图 3.5 所示。

（4）代码窗口

任何应用功能的最终实现都必须通过程序代码来执行,而应用程序代码的编写是在 VB 集成开发环境的"代码窗口"中进行的。VB 应用程序的代码与某个窗体或者与窗体上放置的控件等对象相关联。

"代码窗口"如图 3.6 所示,它的最上面是标题栏,包括该工程的名称信息及"最大化"、"最小化"和"关闭"按钮,标题栏下面是两个下拉式列表——对象和过程。

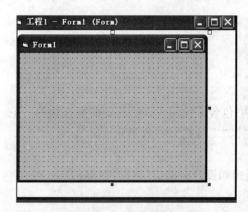

图 3.5　VB6.0 窗体设计器

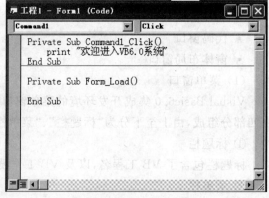

图 3.6　VB6.0"代码窗口"

"对象"下拉列表包含了窗体及该窗体上放置的所有对象的名称。如果从"对象"下拉列表中选择了某个对象,则"过程"下拉列表将显示与该对象相关的所有事件的集合。"对象"下拉列表和"过程"下拉列表的结合使用,可以实现在应用程序代码中的快速定位,并编辑相关代码。

（5）工程资源浏览窗口

用 VB 程序设计语言开发的每个应用程序都称为一个工程。每个工程实际上是若干相关文件的集合,"工程资源浏览窗口"列出了工程包含的所有文件。通过"工程资源浏览窗口"可以看到当前打开的工程的整体结构,如图 3.7 所示。

（6）属性窗口

工程中包含的各个窗体以及窗体上的控件,都各自拥有一个表明其内在或外在特征及行为的属性集合,这些属性主要用

图 3.7　VB6.0 工程资源
浏览窗口

来定义各对象的特征及其功能,如描述对象的大小、位置、标题或颜色等。VB 集成开发环境中的"属性窗口"是一个专门提供对象属性值设置的窗口,如图 3.8 所示。该窗口列出了被选窗体或控件的部分属性及属性值。

(7) 窗体布局窗口

如图 3.9 所示,运用鼠标拖曳"窗体布局窗口"中的窗体,即可轻松地指定程序运行时窗体在屏幕上出现的初始位置。

图 3.8　VB6.0"属性窗口"　　　　　图 3.9　VB6.0"窗体布局窗口"

3. VB6.0 的语言特点

Visual Basic 是在 Windows 环境中广泛使用的应用程序设计语言,它以 Basic 语言为基础,具有可视化、面向对象程序设计、事件驱动机制等特点。

可视化程序设计是指开发图形用户界面的一种方法,比如命令按钮、文本框、组合框等元素,编程人员只需在"可视"的编程环境下,用鼠标将 VB 中预先建立的界面元素拖放到用户图形界面的适当位置上,并且用鼠标还可以直接修改用户界面上元素的外观等特性。采用可视化程序设计方法,大大减少了编程人员的编码工作量,并能轻松地设计出友好的用户界面,从而提高了应用程序的开发效率。Visual Basic 是一种面向图形界面的、交互性强的可视编程工具。

Visual Basic 采用面向对象技术,利用对象的属性、事件和方法进行程序设计,从而实现应用程序的特定需求。在 Visual Basic 中,对象无处不在,窗体、命令按钮、文本框、组合框等用于设计用户图形界面的元素都是对象。利用 Visual Basic 的对象编程技术,就好像在一块空白的画布上,通过设置对象的属性,使用对象的方法,编制对象的事件过程,将系统预先建立的对象,按照设计要求有机地组合起来,勾画出一幅完美的图画,从而完成应用需求。

Visual Basic 的另一个特征是"事件驱动"机制。所谓"事件驱动"机制,是指 Windows 应用程序是通过事件来驱动运行的,当用户或者系统触发对象的某个事件时,系统自动执行与该事件相关的一段代码来响应,完成特定的功能。例如,用户界面上有一个命令按钮,当用户单击该按钮时,命令按钮将触发事件,而当该事件发生时,由系统自动执行一段与该事件相应的代码,完成指定的操作,当该操作完成后,应用程序将暂停,等待下一事件的发生。

在"事件驱动"机制下,应用程序的执行过程完全由对象"事件驱动"实现,与传统的面向过程的应用程序的执行过程完全不同。

4. 对象的属性、方法和事件

VB 对象具有三个要素:属性、方法和事件。

(1)属性

属性是指一个对象的特征,包括内在的、外在的和行为特征,如大小、形状、颜色、名称等。

VB 提供的对象无论是窗体还是控件,都有各自的属性,这些属性描述了 VB 对象的特征和特性。VB 对象的属性可以在设计时间设置,也可以通过编写代码在运行时间设置。VB 提供的"属性窗口"就是设置窗体和控件等对象属性的工具。

属性在程序代码中的语法格式为:

对象名.属性名=属性值

(2)方法

方法不需要事件驱动,也就是说,VB 对象不需要外在的事件驱动或外在的刺激,其自身就可以执行的动作就是方法。对于对象的方法,我们可以像使用函数一样直接使用它们。例如,Forml.Hide,其中 Form1 是 VB 的对象名,表示一个窗体;Hide 是窗体Forml 的一个方法,该方法的功能是将窗体 Form1 隐藏起来,即使窗体 Form1 从屏幕上消失。

从某种角度上说,方法实际上可以被看成对象的内部函数或过程,所以我们不必关心方法内部是如何实现的,而只需了解 VB 的不同对象有哪些方法以及如何使用它们。

方法在程序代码中的语法格式:

对象名.方法名

(3)事件

事件是一种作用在对象上的动作或刺激。例如,在现实生活中,"碰"、"撞"、"打"等都是事件,可以作用在不同的对象上,也可以作用在同一对象上,从而引发同一对象或不同对象的不同反应,导致不同的结果。例如,当女生看到教室地上跑过的老鼠时,会发出尖叫声并跳到椅子上,而男生则会大喊并追打老鼠。

从程序设计角度,事件是用户在应用程序运行过程中对 VB 对象(如窗体或控件)做出的某种动作,是对 VB 对象的外界刺激,而这种动作能被 VB 对象识别,并根据不同的动作做出不同的反应,进而完成不同的功能。比如,用户界面上有一个命令按钮,当用户单击该按钮时,VB 能识别出用户是在该命令按钮上单击了鼠标,"鼠标单击"这种动作就是事件。当命令按钮对象识别出作用在其上的"鼠标单击"事件后,立即对该事件做出反应,其反应就是执行一段代码实现某一特定的功能。

VB 的每一个对象都有与之对应的一组事件集合,每个对象的事件集合的内容是不完全相同的,也就是说 VB 的每个对象能够接受的外部刺激是不完全相同的。而不同的对象对同一事件或刺激也会做出不同的反应。正因为对象的事件具有以上特点,因此它具有非常强大的处理能力。

5. 设计时间与运行时间

(1) 设计时间(设计状态)

设计时间是指在 VB 环境中开发一个应用程序或系统所处的状态。

(2) 运行时间(运行状态)

运行时间是指程序处于运行时的状态。在运行时间,编程者就像最终用户那样通过界面与应用程序进行交互,向应用程序提供运行所需要的信息。

3.3.2 窗体

作为应用程序界面或用来从用户那里收集信息的对话框或自定义窗口称为窗体,它是设计应用程序交互界面的基础,是 VB 最基本的对象。利用 VB 进行应用程序设计时,窗体对象是交互界面设计的基础框架,是最基本的元素,通过在窗体上放置其他对象,如命令按钮、文本框等,才能设计实现应用程序的整体架构。因此没有窗体就无法实现界面及整个应用程序的设计。

根据实际需求,一个应用程序(或工程)可以含有一个或多个窗体对象,至少必须包含一个窗体对象。窗体对象有自己的属性、方法和事件集合,通过合理地使用这些属性、方法及事件来描述窗体的外观特征,控制窗体的行为。

窗体的常用属性如表 3.1 所示。

表 3.1 窗体的常用属性

属性名称	说　明
名称(Name)	设置窗体的名字。在代码中代表窗体对象,通过该窗体名在代码中引用窗体。这个属性只能通过属性窗口设置,不能在运行时间用代码设置。
Caption	设置窗体标题栏上的文本内容,即窗体的标题。
BackColor	设置窗体的背景颜色。
ForeColor	设置窗体的正文或图形的前景颜色。
Picture	确定在窗体上是否显示一个图片。可以在属性窗口设置,也可以在运行时间使用 LoadPicture 函数。语句形式如下: form1. Picture＝loadPicture("图片的文件的绝对路径及名称")
Left 和 Top	设置窗体的位置。
Width 和 Height	设置窗体的大小。
Moveable	设置在运行时窗体是否可以移动。
Font	设置窗体中文本显示时使用的字体,包括字体大小、加粗、斜体等。放置在窗体上的其他控件在默认状态下使用窗体对象设置的 Font 属性。另外,该属性不影响窗体标题栏上的文本的字体。
Enabled	确定对象能否在运行时接收事件,即设置作用在它身上的事件能否响应。

属性名称	说　明
Visible	确定窗体在运行时是否可见。若在运行状态下,某个对象是不可见的,则该对象不能响应事件。
MaxButton 和 MinButton	MaxButton 属性设置窗体上是否含有最大化按钮。MinButton 属性设置窗体上是否含有最小化按钮。
WindowState	设置在运行时窗体的显示状态。取值为 0(vbNormal,缺省值)表示正常大小;值为 1(vbMinimized)表示最小化为图标;值为 2(vbMaximized)表示最大化。

窗体的常用方法如表 3.2 所示。

表 3.2　窗体的常用方法

方法名称	说　明
Show	激活窗体。语句形式为:被激活的窗体名.Show
Hide	隐藏窗体。语句形式为:窗体名.Hide
Cls	清除窗体上用 Print 方法显示的所有文本内容及用绘图方法如 Line、Circle 等方法绘制的图形,但不能清除通过 Picture 属性加载的图片。
Print	向窗体上显示信息。

窗体的常用事件如表 3.3 所示。

表 3.3　窗体的常用事件

事件名称	说　明
Load	当窗体被装入内存时,VB 系统自动触发该事件。对于窗体和窗体上的对象所涉及的所有事件而言,可以粗略地认为窗体的 Load 事件是最早被触发的事件。
Unload	窗体被关闭后,将触发该事件。
Click	在运行时,当用户在窗体的空白区域单击鼠标时,触发该事件。
DblClick	在运行时,当用户在窗体的空白区域双击鼠标时,触发该事件。注意:当触发 DblClick 事件时,首先触发 Click 事件,然后才触发 DblClick 事件。
Resize	在运行时,当窗体的大小改变时,触发该事件。

例 3.1　窗体对象属性、方法和事件的综合应用。

设计步骤:

(1) 创建两个窗体,窗体名分别为 frmFirst 和 frmSecond。窗体 frmFirst 的属性设置如表 3.4 所示,窗体 frmSecond 的属性设置如表 3.5 所示。窗体的其他属性取默认值。

表 3.4　窗体 frmFirst 属性设置

属性名	属性取值	属性名	属性取值
名称(Name)	frmFirst	ForeColor	红色(通过"调色板")
Caption	界面 1	Picture	C:\图 1.JPG
Font	宋体＋粗体＋四号		

表 3.5　窗体 frmSecond 属性设置

属性名	属性取值	属性名	属性取值
名称(Name)	frmSecond	Font	宋体＋粗体＋四号
Caption	界面 2	ForeColor	紫色(通过"调色板")

（2）编写事件过程。

打开窗体 frmFirst 的"代码窗口"，在其中编写如下事件过程：

```
Private Sub Form_Click()
    Print "欢迎进入 vb6.0"
End Sub


Private Sub Form_DblClick()
    frmFirst.Hide
    frmSecond.Show
End Sub
```

打开窗体 frmSecond 的"代码窗口"，在其中编写如下事件过程：

```
Private Sub Form_Click()
    Me.Hide
    frmFirst.Show
End Sub


Private Sub Form_Load()
    Show
    frmSecond.Picture=LoadPicture("C:\图 2.JPG")
    Print "练习窗体的方法和事件"
End Sub
```

（3）设置启动窗体。

该工程包含两个窗体，程序运行起来显示窗体 frmFirst，这个最初被显示运行的窗体称为启动窗体。通常，工程中最早被创建的窗体被默认为启动窗体。

设置启动窗体的步骤：

① 打开需要设置启动窗体的工程。

② 在"工程"菜单中选择"工程 1 属性"命令，则打开"工程 1—工程属性"对话框。

③ 在"工程 1—工程属性"对话框中的"通用"选项卡上打开"启动对象"列表框，在该列表框中指定启动窗体为 frmFirst。

④ 单击"确定"按钮，确认启动窗体的设置并关闭对话框。

（4）保存工程。需要保存两个窗体文件（. frm）和一个工程文件（. vbp）。

（5）运行工程。屏幕上首先显示窗体 frmFirst，在该窗体上单击鼠标，则窗体 frmFirst 的单击事件被触发，系统执行 frmFirst 的 click 事件过程，窗体上显示文本"欢迎使用 VB6.0 "，如图 3.10 所示。双击窗体，则窗体 frmFirst 的双击事件被触发，系统执行

frmFirst 的 DblClick 事件过程,窗体 frmFirst 被隐藏,而窗体 frmSecond 被显示。

当窗体 frmSecond 被显示时,系统首先自动执行 frmSecond 的 Load 事件过程,在窗体上显示文本"练习窗体的方法和事件",并通过 LoadPicture 函数为窗体加载图片文件,如图 3.11 所示。在窗体 frmSecond 上单击鼠标,则窗体 frmSecond 的单击事件被触发,系统执行 frmSecond 的 Click 事件过程,隐藏窗体 frmSecond,显示窗体 frmFirst。

图 3.10 窗体 frmFirst

图 3.11 窗体 frmSecond

3.3.3 基本控件

这里介绍的是任务所涉及的几个基本控件:标签(Label)、文本框(TextBox)、组合框(ComboBox)、命令按钮(CommandButton)等。

1. 标签(Label)

标签(Label)控件主要用于显示文本,运行时不能编辑文本内容。

在应用程序中标签控件的用途主要有三个方面:一是用于应用系统的输出信息;二是用来标注那些没有标题(Caption)属性的控件,如文本框、组合框等控件,说明这些控件在应用程序中的用途;三是为应用添加说明,提供帮助信息等。

标签的常用属性如表 3.6 所示。

表 3.6　标签的常用属性

属性名称	说　明
名称(Name)	设置当前标签控件的名字。
Caption	设置标签控件中显示的文本内容。
Alignment	设置标签控件中显示的文本的对齐方式,取值为 0、1、2,分别表示左对齐、右对齐、居中。
AutoSize	设置标签是否水平扩充适应标题文本(Caption)的内容,取值为 True 或 False(缺省值)。
BorderStyle	设置标签的边框风格,取值为 0—None 表示无边框(缺省值)、取值为 1—FixedSingle 表示单线边框。

2. 文本框（TextBox）

文本框（TextBox）控件主要用于显示文本，运行时可编辑其文本内容。

在应用程序中，文本框（TextBox）控件的用途主要有两个方面：一是获取用户的输入信息；二是向用户输出系统信息。因此，文本框（TextBox）控件是应用系统与用户交互、进行信息交流、实现应用系统输入/输出的重要手段。

文本框控件中的文本是可以编辑的，其内容既可以在设计时设置，也可以在运行时通过用户的输入或系统的输出设置。

文本框的常用属性如表 3.7 所示。

表 3.7　文本框的常用属性

属性名称	说　　明
名称（Name）	设置当前文本框控件的名字。
Text	设置文本框中显示的文本，该属性的设置方法有三种：一是通过"属性窗口"直接设置 Text 属性的初始值；二是在程序代码中设置，语句格式为：文本框名.Text=字符串；三是应用系统在运行状态下，由用户在文本框中直接键入信息。
Locked	设置文本框中的正文是否在运行时可编辑，取值为 True 表示不可编辑，只读；取值为 False（默认）表示可编辑。
MaxLength	设置文本框可以输入的字符数。取值为 0（默认）表示输入字符数在 2048 个字符之内，取其他值表示输入字符数在该值限定之内。
Multiline	允许文本框多行输出或多行输入。
ScrollBars	设置文本框有无滚动条。取值为 0（默认）表示没有滚动条；取 1 表示有水平滚动条；取 2 表示有垂直滚动条；取 3 表示同时含有水平滚动条和垂直滚动条。注意：只有 MultiLine 属性设置为 True 时，ScrollBars 属性的设置值才有效。
PasswordChar	设置文本框为密码框。

例 3.2　设计两个窗体：一个用于输入学生的个人信息；另一个显示输入的学生信息。

该例主要练习文本框、标签的使用及多个窗体的切换。

（1）设计用户界面。窗体 1 上放置 4 个标签和 4 个文本框，1 个命令按钮。其中，文本框用于输入学生信息，窗体 2 上放置 8 个标签和 1 个命令按钮，标签用于显示学生信息。界面设计如图 3.12 和图 3.13 所示，窗体及控件的属性设置如表 3.8 和表 3.9 所示。

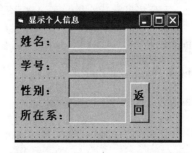

图 3.12　窗体 frmFirst 界面设计　　　图 3.13　窗体 frmSecond 界面设计

表 3.8　窗体 frmFirst 及控件的属性设置

对象名	属性名	属性取值	对象名	属性名	属性取值
窗体 1	名称(Name)	frmFirst	文本框 1	名称(Name)	txtName
	Caption	学生个人信息		Text	空
标签 1	名称(Name)	Label1	文本框 2	名称(Name)	txtID
	Caption	姓名：		Text	空
标签 2	名称(Name)	Label2	文本框 3	名称(Name)	txtSex
	Caption	学号：		Text	空
标签 3	名称(Name)	Label3	文本框 4	名称(Name)	txtDept
	Caption	性别：		Text	空
标签 4	名称(Name)	Label4	命令按钮 1	名称(Name)	cmdShow
	Caption	所在系：		Caption	显示

表 3.9　窗体 frmSecond 及控件的属性设置

对象名	属性名	属性取值	对象名	属性名	属性取值
窗体 2	名称(Name)	frmSecond	标签 5	名称(Name)	lblName
	Caption	显示学生信息		Caption	空
标签 1	名称(Name)	Label1	标签 6	名称(Name)	lblID
	Caption	姓名：		Caption	空
标签 2	名称(Name)	Label2	标签 7	名称(Name)	lblSex
	Caption	学号：		Caption	空
标签 3	名称(Name)	Label3	标签 8	名称(Name)	lblDept
	Caption	性别：		Caption	空
标签 4	名称(Name)	Label4	命令按钮 1	名称(Name)	cmdReturn
	Caption	所在系：		Caption	返回

（2）程序代码如下。

窗体 frmFirst 的事件过程：

```
Private Sub cmdShow_Click()
    frmFirst.Hide
    frmSecond.Show
    frmSecond.lblName.Caption=txtName.Text
    frmSecond.lblID.Caption=txtID.Text
    frmSecond.lblSex.Caption=txtSex.Text
    frmSecond.lblDept.Caption=txtDept.Text
End Sub
```

窗体 frmSecond 的事件过程：

```
Private Sub cmdReturn_Click()
    Me.Hide
    frmFirst.Show
End Sub
```

（3）保存工程。

（4）运行工程。当第一个窗体出现时，在各个文本框中输入学生信息，结果如图 3.14 所示，然后单击"显示"按钮。弹出第二个窗体，显示在第一个窗体中输入的学生信息，如图 3.15 所示，再单击"返回"按钮回到第一个窗体。

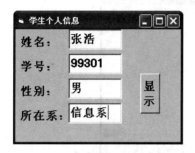 

图 3.14　第一个窗体的运行结果　　　　图 3.15　第二个窗体的运行结果

3. 命令按钮（CommandButton）

命令按钮（CommandButton）控件是应用程序中使用最多的控件之一，几乎所有的应用程序都会用到。它常常用来接收用户的操作信息（主要是单击操作），是用户与应用程序交互的最简单的方法。

命令按钮的常用属性如表 3.10 所示。

表 3.10　命令按钮的常用属性

属性名称	说　　明
名称（Name）	设置命令按钮控件的名字。
Caption	设置命令按钮上显示的内容。
Style	设置按钮的外观。取值为 0（Standard）表示按钮为标准 Windows 风格；取值为 1（Graphic）表示允许按钮被定义为图形按钮。注意：只有取值为 1（Graphic），Picture 属性和 BackColor 属性才生效。
Picture	设置图形按钮。
ToolTipText	设置在运行时间，当鼠标在命令按钮上暂停时显示的文本。一般用来说明图形按钮的功能或用途。
DownPicture	设置当命令按钮被按下时显示的图形。注意：Style 属性值必须为 1。

命令按钮的常用事件如表 3.11 所示。

表 3.11　命令按钮的常用事件

事件名称	说　　明
Click	单击鼠标触发。注意：命令按钮没有 DblClick 事件。

例 3.3　用一组命令按钮实现文本框正文的剪切、复制、粘贴等编辑功能。

设计步骤如下：

（1）界面设计。窗体上放置一个带滚动条的文本框控件，3 个命令按钮和 1 个标签。
界面设计如图 3.16 所示，窗体及控件的相关属性设置如表 3.12 所示。

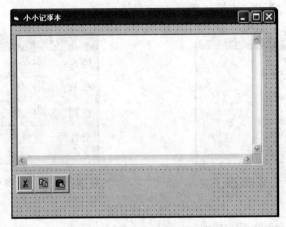

图 3.16　例 3.3 的界面设计

表 3.12　例 3.3 的窗体及控件的相关属性

对象名	属性名	属性取值	对象名	属性名	属性取值
窗体 1	名称(Name)	Form1		Picture	cut. bmp
	Caption	小小记事本	命令按钮 2	ToolTipText	剪切
标签 1	名称(Name)	Label1		名称(Name)	cmdCopy
	Caption	置空		Style	1
文本框 1	名称(Name)	txtNote		Picture	Copy. bmp
	Text	空		ToolTipText	复制
	MultiLine	True	命令按钮 3	名称(Name)	cmdPaste
	ScrollBars	3		Style	1
命令按钮 1	名称(Name)	cmdCut		Picture	Paste. bmp
	Style	1		ToolTipText	粘贴

（2）程序代码如下：

```
Private Sub cmdCopy_Click()
    Clipboard.Clear
    Clipboard.SetText txtNote.SelText
End Sub

Private Sub cmdCut_Click()
    Clipboard.SetText txtNote.SelText
    txtNote.SelText=""
End Sub

Private Sub cmdPaste_Click()
    txtNote.SelText=Clipboard.GetText
```

```
End Sub

Private Sub Form_Load()
    Label1.Caption= "使用按钮实现文本框正文的剪切、复制和粘贴功能"
End Sub
```

（3）保存工程。

（4）运行工程。在文本框中输入正文内容，然后分别用剪切、复制和粘贴按钮编辑。运行结果如图 3.17 所示。

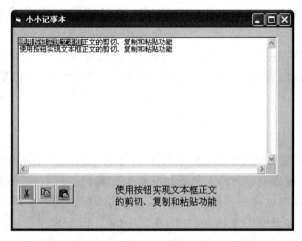

图 3.17　例 3.3 的运行结果

4. 组合框（ComboBox）

在网上浏览信息时，通常需要单击某个控件的下拉按钮，在下拉的部分选择所需的内容，这个控件就是组合框控件。在工具箱中，组合框的图标是▤。

组合框的常用属性如表 3.13 所示。

表 3.13　组合框的常用属性

属性名称	说　　明
名称（Name）	设置组合框控件的名字。
Text	运行时间，在组合框中当前选定的列表项值或用户直接在文本框输入的正文。
Style	设置组合框的形式和功能。取值为 0—vbComboDropDown（缺省值）表示创建下拉式组合框；取值为 1—vbComboSimple 表示创建简单组合框；取值为 2—vbComboDropDownList 表示创建下拉列表框。
List	参考第 9 章 ListBox 控件
ListIndex	参考第 9 章 ListBox 控件
ListCount	参考第 9 章 ListBox 控件

组合框的常用方法和事件请参考第 9 章 List Box 控件。

3.3.4 VB 模块

在创建 VB 应用程序的过程中,首先应设计应用程序的总体架构,即设计程序代码的结构。在 VB 中代码存放在窗体模块、标准模块和类模块三种类型的模块中。

1. 窗体模块

一个 VB 工程(也称为 VB 应用程序)可以有一个窗体,也可以包含多个窗体,这是由实际应用的规模决定的。工程中的每个窗体对应实际应用中的一个用户交互界面,并且都有一个与之相应的窗体模块。窗体模块以文件的形式存储在磁盘上,以 .frm 为扩展名。

窗体模块是 VB 程序结构中不可或缺的重要组成部分,任何一个工程至少包含一个窗体模块。工程新建时包含一个默认的窗体模块,其他窗体模块可根据应用需求适当添加。

2. 标准模块

在应用程序的开发过程中,有时会发现,同一工程不同模块中的部分代码段所执行的功能相同或相近,这种编程的方法虽然不影响整个工程的执行效果,但程序的结构不够清晰,层次不够分明,同时也违背了代码共享、可重用的宗旨。为了提高程序的共享性、可重用性,代码的可读性和可维护性,VB 采用了标准模块。即标准模块中的代码可以被工程中所有模块包括窗体模块及其他标准模块所共享。标准模块存放于独立的文件中,其扩展名为 .bas。

标准模块不是工程中必有的组成部分。工程新建时不包含标准模块,可以根据应用设计需求适当地添加标准模块。

3. 类模块

在 VB 中,类模块(文件扩展名为 .cls)是面向对象编程的基础。编程人员可以使用类模块创建自己的对象。这些新的对象在创建之后,就可以在应用中被使用。类模块包含创建对象的属性、方法和事件的定义。

4. 模块的建立和删除

(1) 模块的建立

VB 允许在一个工程中建立多个窗体或标准模块。建立的方法有以下几种:

- 在"工程浏览窗口"单击鼠标右键,在弹出的浮动菜单中单击"添加"命令,在其子菜单中选择"添加窗体"(或"添加模块")命令。
- 在"工程"菜单中选择"添加窗体"(或"添加模块")命令。

选择上述方法之一操作之后,屏幕上出现一个"添加窗体"(或"添加模块")对话框。单击"新建"标签,打开"新建"选项卡,选择"窗体"(或"模块")图标,再单击"打开"按钮确定窗体模块(或标准模块)的建立。

（2）模块的删除

对工程中不再需要的模块可以删除。删除的方法有以下几种：

- 在"工程浏览窗口"选择准备删除的模块名，并单击鼠标右键，在弹出的浮动菜单中选择"移除"命令。
- 在 VB 集成开发环境中，首先激活准备删除的模块，在"工程"菜单中选择"移除"命令。

选择其中之一操作即可。

3.4 实现步骤

1. 创建新工程

编写 VB 应用程序的第一步是建立一个新的工程，单击"开始"按钮，打开"开始"菜单，选择"程序"命令，打开"程序"子菜单，选择"Microsoft Visual Basic 6.0 中文版"命令启动 VB。VB 启动之后，系统立即显示一个"新建工程"对话框，单击"新建"标签打开"新建"选项卡，选择"标准 EXE"选项，然后再单击"打开"按钮，则进入 VB 集成开发环境。VB 系统创建一个默认窗体，可在"属性窗口"把窗体的"名称"属性设置为 frmLogin。

在新工程建立之后，就可以在 VB 集成环境下进行用户界面设计和代码编写了。

2. 界面设计及实现

在本任务中，要设计一个简单的用户图形界面，如图 3.1 所示，该界面包含"确定"和"取消"两个按钮，"用户名"、"密码"、"WELCOME"三个标签，一个组合框和一个文本框。窗体及控件的属性设置如下。

（1）窗体设置

在"窗体设计器"中激活窗体，将鼠标指针移到窗体的空白区域单击鼠标左键，或单击"工程浏览窗口"中的"查看对象"按钮。

将鼠标移至"属性窗口"，设置窗体 frmLogin 的属性。将窗体对象的 Caption 属性设置为"登录系统"，然后按"回车键"确认对属性的修改，窗体的标题栏立即改为"登录系统"。在这里，可以感受到 VB 的"可视化"程序设计的特点，即马上看到设计结果，而传统的过程化程序设计需要等到运行时才能看到结果。

（2）加入"标签 1"

双击"工具箱"中的"标签"控件图标，将其放置在窗体 frmLogin 中并在窗体上调整位置和大小。在"属性窗口"中设置该控件的相关属性。其 Caption 属性设置为"WELCOME"，Alignment 属性设置为"2-Center"。然后设置其 BackColor 属性，单击右边属性值的小箭头，单击"调色板"，单击选中的颜色，如蓝色。用同样方法设置 ForeColor 属性为白色，即"WELCOME"为白色。最后设置标签的 Font 属性，找到 Font 属性，在它的右边方格中单击，这时该方格的右边会出现一个带三个点的按钮，单击该按钮，会打开"字体"对话框，其中字体选择"Arial"，字形选择粗体，大小选择"二号"，字体就设置完成了。

（3）加入"标签 2"

双击"工具箱"中的"标签"控件图标,将其放置在窗体 frmLogin 中并在窗体上调整位置和大小。在"属性窗口"中设置该控件的相关属性。其 Caption 属性设置为"用户名:"。

（4）加入"标签 3"

可用前面的方法添加"标签 3",也可选中"标签 2"单击鼠标右键,选择"复制"(或者选中"标签 2"后同时按键盘上的"Ctrl"键和"C"键),然后在窗体的空白处单击鼠标右键,选择"粘贴"(或者同时按键盘中的"Ctrl"键和"V"键),此时系统会弹出对话框询问"已经有一个控件为'Label2',创建一个控件数组吗?",请选择"否"不要创建控件数组。把标签拖曳到合适位置。这样添加的"标签 3"继承了"标签 2"除"名称"以外的其他属性,其 Caption 属性设置为"密码:"。

（5）加入"组合框"

双击"工具箱"中的"组合框"控件图标,将其放置在默认窗体 frmLogin 中并在窗体上调整位置和大小。在"属性窗口"中设置该控件的相关属性。其 Text 属性设置为空,即用退格键去掉该属性的默认值 Text1。

（6）加入"文本框"

双击"工具箱"中的"文本框"控件图标,将它放置在窗体 frmLogin 中,并在窗体上调整其位置和大小。在"属性窗口"中设置该控件的相关属性。其 Text 属性设置为空,"名称"属性设置为 txtPassword,PasswordChar 属性设置为星号(*),此文本框是密码框,当用户输入密码时显示的是"*"。

（7）加入"命令按钮"

双击"工具箱"中的"命令按钮"控件图标,将其放置在窗体 frmLogin 中,并在窗体上调整位置和大小。在"属性窗口"中设置该控件的相关属性。其 Caption 属性设置为"确定","名称"属性设置为 cmdLogin。再复制一个按钮,Caption 属性设置为"取消","名称"属性设置为 cmdCancel。

3. 编写事件过程

用户界面已经设置完成,但要使程序能够响应用户的动作,必须编写对象的事件过程,没有代码,应用程序是不能正常运行的,也不可能实现特定的功能。

（1）打开"代码窗口"编写 cmdLogin 命令按钮的事件过程

双击 frmLogin 窗体的空白区域,或单击"工程浏览窗口"的"查看代码"命令按钮进入"代码窗口",打开"对象"下拉列表,用鼠标选择"cmdLogin"对象名,打开"过程"下拉列表,用鼠标选择 Click 事件名,"代码编辑窗口"内出现一个空的过程体:

```
Private Sub cmdLogin_Click()
End Sub
```

它是 VB 为 cmdLogin 按钮创建的事件过程。单击事件过程体,编程人员可在该过程体内编写完成特定功能的代码：

```
Private Sub cmdLogin_Click()
    MsgBox "欢迎进入银行贷款系统!"
End Sub
```

运行该工程后，当用户单击"确定"按钮时，cmdLogin 按钮对象的单击事件被触发，系统自动调用与该事件对应的 cmdLogin_Click 事件过程执行，弹出一个对话框，输出"欢迎进入银行贷款系统!"，与用户进行信息的交互。

（2）打开"代码窗口"编写 cmdCancel 命令按钮事件过程

代码如下：

```
Private Sub cmdCancel_Click()
    Beep
    End
End Sub
```

运行该工程后，当用户在"取消"按钮上单击鼠标时，则 cmdCancel_Click 事件过程被执行，其功能是发出一声报警并结束应用程序的运行。

4. 保存工程

保存一个新建工程，可以在工程新建时也可以在工程设计完成之后，要养成随时保存的习惯。必须至少存储两个文件：窗体文件和工程文件。

窗体文件的文件扩展名为. frm。该文件包含了窗体及窗体中放置的所有控件等对象的定义、对象的属性设置值及对象相关的事件过程代码。

工程文件的文件扩展名为. vbp。该文件包括了工程中包含的所有文件的定义或描述，如窗体文件以及在工程中用到的构成模块的定义，如 Activex 控件等，这些定义构成了工程中各个元素之间的联结方式。当一个工程文件被打开时，工程文件中包含的所有文件被同时装载。

在保存工程时，系统通常要求先保存窗体文件，然后再保存工程文件。保存工程的方法是，选择"文件"菜单中的"保存"或"另存为"命令，或单击工具栏上的"保存"按钮。VB系统弹出"保存"对话框，如图 3.18 所示，提示输入窗体文件的文件名，在"文件名"输入框中输入"登录.frm"，然后单击"保存"按钮保存文件。接着 VB 又弹出一个"保存"对话框，提示输入工程文件名，输入"登录.vbp"，然后单击"保存"按钮保存。至此新建工程的保存操作已经完成。

5. 运行应用程序

在 VB 集成开发环境中运行工程的方法有多种，常用方法有以下几种：
- 按 F5 键。
- 单击"运行"菜单中的"启动"命令。
- 单击"工具栏"上的"启动"命令按钮。

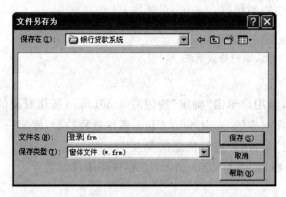

图 3.18 "保存"对话框

通过上述方法之一运行应用程序之后，VB 由设计状态进入运行状态。当应用程序运行结束后，又回到设计状态。

单击"工具栏"上的"启动"命令按钮，工程"登录"进入运行状态，屏幕上弹出如图 3.1 所示的窗体，用户单击"确定"按钮，弹出一个对话框，输出"欢迎进入银行贷款系统!"信息，若用户单击"取消"按钮，则结束应用程序的运行。

第4章　简单登录密码设计

本章的教学目标：
- 理解 VB 的数据类型、常量、变量以及运算符与表达式；
- 掌握顺序结构设计的方法；
- 掌握分支语句与分支结构程序设计。

4.1　目标任务

为银行贷款系统的登录界面设计用户名和密码验证，密码框中如果没有输入内容，单击"登录"按钮时，就会弹出对话框；如果密码发生错误，就会出现提示"密码错误"的对话框；如果连续输入三次密码仍然有错误，系统就会自动退出；如果密码正确，就会打开另一个界面，并且关闭登录界面。

4.2　效果及功能

本程序的外观效果及其所具有的功能如下。

（1）当运行程序的时候，出现如图 4.1 所示的对话框。单击组合框的下拉箭头时，下拉列表中会出现几个用户名称，如图 4.2 所示。

图 4.1　"登录系统"对话框　　　　图 4.2　含用户名列表的"登录系统"对话框

（2）如果密码框中没有输入内容，单击"登录"按钮时，就会弹出对话框提示用户输入密码。

（3）如果输入了密码，程序会通过组合框中的用户名验证密码是否正确，如果错误会出现提示"密码错误"的消息框；如果连续输入三次密码仍错误，系统会自动退出；如果密码正确，就会打开另一个对话框，并且关闭登录对话框。

4.3 基础知识

4.3.1 VB 的数据类型

1. 数据类型的概念

数据类型是数据综合属性的"代言人",任何与数据相关的成分:常量、变量、表达式、数组元素、函数返回值……都具有唯一的数据类型。一种数据类型决定了一类数据的诸多性质。

(1) 占用内存单元大小。如在 PC 机中,整型(Integer)数据占 2 字节存储单元,而单精度浮点型数据(Single)占 4 个字节。

(2) 在内存中的存储形式。如整型(Integer)数据以定点整数补码形式存储,而单精度浮点型数据(Single)是指数部分、尾数部分分别存储,指数部分是定点整数,尾数部分是定点小数。

(3) 在程序中的表现形式。如程序中的 12 代表整型,12.0 代表浮点型。

(4) 数据的范围、精度。如 Integer 型范围 $-32\,768\sim32\,767$,单精度浮点型数据(Single)的尾数部分精度为十进制 6 位有效数字,指数部分范围 $-45\sim38$。

(5) 参加的运算。如 Integer 型支持取余 Mod 运算,而浮点数不支持。

VB 提供了许多数据类型,如表 4.1 所示。

表 4.1　VB6.0 标准数据类型

数据类型	类型名称	存储空间/字节	范　围
整型	Integer	2	$-32\,768\sim32\,767$,小数部分四舍五入
长整型	Long	4	$-2\,147\,483\,648\sim2\,147\,483\,647$,小数部分四舍五入
单精度浮点型	Single	4	负数:$-3.402\,823E38\sim1.401\,298E-45$ 正数:$1.401\,298E-45\sim3.402\,823E38$
双精度浮点型	Double	8	负数:$-1.797\,693\,134\,862\,32D308\sim4.940\,656\,458\,412\,47D-324$ 正数:$4.940\,656\,458\,412\,47D-324\sim1.797\,693\,134\,862\,32D308$
货币型	Currency	8	$-922\,337\,203\,685\,477.5808\sim922\,337\,203\,685\,477.5808$
日期时间型	Date	8	100.1.1$\sim$9999.12.31
布尔型	Boolean	2	True 或 False
字符串	String	字符串长度	10$\sim$大约 20 亿字节
对象型	Object	4	任何对象引用
变体类型	Variant	16	任何数值型的值,最大范围可达 Double 的范围

2. 整型(Integer)与长整型(Long)

如果要处理的数据是整数,则应在处理数据之前将其声明为整型。整型数据占用的存储空间少,运算速度较快。整型数据按其占用内存单元大小分成整型(Integer)和长整型(Long)。

3. 单精度型(Single)、双精度型(Double)与货币型(Currency)

如果要处理的数据包含小数,可将其声明为单精度、双精度型,或者一个大整数的范围超出了 Interger 和 Long 的范围,一般它的类型定义为双精度型。如果要处理的数据表示的是货币,则可声明为货币型。

4. 字符串型(String)

如果变量总是包含字符串而不是数值,应声明为 String 类型。字符串中的每一个字符在内存中占用两个字节空间。在程序代码中要使用字符串,必须用一对引号("")将值括起来。

在 VB 中数值变量和仅包含数值的字符串变量可以交换使用。

5. 布尔型(Boolean)

如果变量的值只是"真/假"、"是/否"等信息,则将其声明为 Boolean 型。布尔型是程序中很重要的一种类型,在 VB 中布尔型数据的取值只有真(True)和假(False)。

6. 日期时间型(Date)

用 Date 数据类型表示日期和时间。在程序代码中要使用日期时间值时,必须用一对"♯"将值括起来。

7. 对象型(Object)

VB 是面向对象的语言,因此程序代码不仅能够处理整型、字符串型数据,更多的是处理对象。若要引用对象,则应声明为 Object 类型。

8. 变体型(Variant)

在 VB 中 Variant 型是一种非常灵活的数据类型,能够存储所有 VB 定义的数据类型。如果在变量声明中没有指定数据类型,则变量为 Variant 类型。Variant 类型的变量可以在不同场合代表不同类型的数据,编程人员不必用代码进行类型的转换,在需要时,VB 自动完成必要的类型转换。

4.3.2 常量

与变量不同,常量是指在程序运行过程中始终保持不变的数值、字符串等常数。在程序的执行过程中,常量不能像变量那样被修改,也不能对常量赋予新值,但常量与变量一样都有命名的内存空间,即有名字和数据类型。VB 处理常量的效率比处理变量的效率高。因此,如果在整个程序执行过程中,某个值始终保持不变,则应该为该值创建一个常量。例如,在程序中要使用 π(3.141 592 6)计算圆的周长、面积、体积等,π 就是一个常数,为了增加可读性及减少编码错误,应为常数 π 定义一个常量。

VB 中的常量分为直接常量和符号常量。

1. 直接常量

直接常量就是在程序代码中以直接明显的形式使用的常数。例如,计算圆的面积,在程序代码中编写语句为:

```
intCircle=3.1415926 * (intR * intR)
```

其中,常数 3.141 592 6 就称为直接常量。

直接常量包括字符串常量、数值常量、布尔常量、日期常量,常量的类型应由常数的数据类型决定。

2. 符号常量

顾名思义,符号常量就是用符号描述的常数。符号常量又分为内部(系统定义)常量和用户定义常量。

内部(系统定义)常量是 VB 系统提供的,可直接使用,一般以 vb 为前缀并采用大小写混合的书写格式,如 vbYellow、vbYes、vbDefaultButton 等。其特点是易于理解,可读性强。

在特定的应用中,编程人员根据程序的实现需求,为程序中多次使用的很长的、不变的数字或字符串创建自己的常量,这种常量称为用户定义常量。常量定义之后,在使用中可以用该名字代表该常数值的使用,从而增强代码的可读性和可维护性。符号常量的定义语句为:

```
Const 常量名[As 数据类型]=表达式
```

其中,表达式是常量表达式,可由数值常量、字符串常量及运算符组成。[]中的内容是可选的,表示所定义的常量的数据类型,不指定类型表明定义的常量为 Variant 型。例如:

```
Const conPi=3.1415926                 '创建表示数值的符号常量 conPi
Const conDate=#1/1/2001#              '创建表示日期的符号常量 conDate
Const conCodeName = "Enigma"          '创建字符串常量 conCodeName
```

另外可以用先前定义的常量定义新的常量,例如:

```
Const ConPi2=ConPi * 2
```

用前面定义的常量 conPi 定义新常量 ConPi2,这样可以使程序代码更简洁。但在定义时要避免循环使用,以免产生错误。

3. 常量的使用

常量定义之后,就可以放在代码中使用。

对于符号常量的使用，例如：

```
Const conPi=3.1415926          '创建表示数值的符号常量 conPi
intCircle=conPi * (intR * intR)   '在计算圆的面积时使用符号常量 conPi
```

又例如：

```
Const conMax=100000           '定义一个最大数常量
If  I>conMax Then   I=conMax
```

对 VB 内部常量的使用，例如：

```
frmLogOn.WindowState=vbMaximized   '将窗体 frmLogOn 以最大化方式显示
```

其中，vbMaximized 为 VB 内部常量，表示窗体对象以最大化方式显示。

4.3.3　变量

计算机中的所有处理数据都必须存储在内存单元中，内存单元都具有可存、可读、可写三种基本性质。内存单元从"可变性"角度看分为两种。

第一种是常量单元，用来存储常量，如前面介绍过的 3.141 592 6 存在常量单元中，程序取得这个单元的值并输出。由于常量单元程序不可控，为编程带来某些不便，如要更改 π 的精度则必须修改程序。

第二种是程序可控的单元，程序不但可以读取单元的值，还可以随时向该单元中写数据，这种单元在程序中称为变量。所以说变量是程序可以控制其值发生变化的内存单元。

1. 变量的定义

程序中若使用变量必须事先向系统申请，在程序中称为变量定义，系统会根据指明的变量的数据类型为其分配相应大小的单元。变量的定义语句为：

```
Dim  变量名 [As 数据类型]
```

例如：

```
Dim strUserName As String
Dim intCount As Integer
```

2. 变量的命名规则

变量是有名字的，变量的命名要遵从一定的规则，其命名规则如下：
- 必须以字母开头，其他字符可以是字母、数字或下划线(_)；
- 不能包含点号(.)或类型声明字符(%、&、!、#、@或$)；
- 不能使用 VB 关键字；
- 在同一应用范围中唯一；
- 不能超过 255 个字符。

在为变量命名时，应该使用能标明变量功能的变量名，最好大写变量中的每个词的首字母,增加可读性。例如,strUserlnPut 表明该变量是字符串型变量,用于从用户处获取信息,该变量名明确地表明了变量的功能且可读性强,而 struserinPut 变量名的可读性很差。

另外,为了增加变量名的可读性,在变量命名时,建议在变量名之前加入描述变量数据类型的前缀,如 intAge、strPassword、txtName 等。

3. 变量的初始化

当用 Dim 语句创建了一个变量之后,并且在任何赋值语句执行之前,VB 自动为其赋初始值,将整型、长整型、浮点型、日期型等数值型变量赋予初始值为 0,而将字符串型变量赋予初始值为空串,将变体类型变量赋予初始值为空值 Empty。

4. 变量的可变性

```
Private Sub cmdCalculate_Click()
    Dim s, k As Integer
    s=0
    k=1                         '使变量 k 中存储 1,变量 s 中存储 0
    Do While (k<=100)           '当变量 k 小于等于 100 时,重复做下面两句话
        s=s+k                   '先求 s 和 k 的和,再存入变量 s 中
        k=k+1                   '先求 k 和 1 的和,再存入变量 k 中
    Loop
    Print "1+2+3+...+100=" & s
End Sub
```

请读者看程序注释了解程序。变量 k 从 1 开始在每次加 1 的变化中,使 s＝s＋k;k＝k＋1;这两个语句重复做了 100 次。而变量 s 在不断＋k 的过程中最终求得了 1＋2＋3＋…＋100＝5050 的值。

5. 变量的存储类型

变量定义后的数据类型决定了变量的数据性质:单元长度、存储形式、运算、数据范围……事实上,在变量定义时还应当指出变量存储在内存的什么区域,变量在程序中何时有效、何时无效;变量何时存在、何时被释放等一系列问题。这些问题统一由变量存储类型决定,统称变量的存储性质。

变量定义的完整格式为:

变量存储类型标识符 变量名 [As 数据类型]

变量存储类型共有 4 种:

Dim 局部变量名 [As 数据类型]   局部变量
Static 静态变量名 [As 数据类型]   静态变量
Dim|Private 变量名 [As 数据类型]   模块级变量
Public 全局变量名 [As 数据类型]   全局变量

变量存储类型主要说明变量的生存期与作用域的特征。所谓生存期,是指变量在程序运行的什么时间段是存在的。所谓作用域,是指变量在哪个程序片断可以使用(可视),在哪个程序片断不能使用(不可视)。"作用域"又称"可视性"。要理解这些问题最重要的是要理解如图 4.3 所示的内存分配问题。

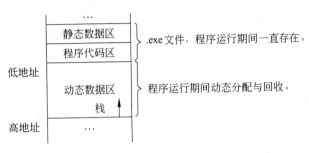

图 4.3　内存分配

一般来讲,系统分配给程序运行时的内存有三块区域:静态数据区、程序代码区和动态数据区。分配在静态数据区的变量称为静态变量,分配在动态数据区的变量称为动态变量。

动态数据区自高地址向低地址增长称栈,它是由系统管理的,某些变量在定义时系统动态地为其分配栈空间,在适当的时候系统将此变量的栈空间收回。因而动态性的变量生存期是有限的,该性质变量只在程序的某一段运行时间内存在。

(1) 局部变量

局部变量是指在一个过程(如事件过程)内部声明的变量,它的作用范围仅仅限制在声明该变量的过程中。

局部变量是动态性变量,系统在过程运行时临时为其分配空间;过程运行结束时,系统将变量的动态空间收回。因此,局部变量的生存期与定义局部变量的过程同生共死。当过程被重新执行时,过程中的局部变量又重新获得生命,开始下一个生命周期。

局部变量的声明语句:

Dim 局部变量名 [As 数据类型]

(2) 静态变量

局部变量与定义它的过程同生共死。但有时要求即使过程执行结束,过程内部的某些变量的值仍然能够保存下来,即系统不释放这些变量的内存空间。具有这种生命含义的变量就是静态变量。

静态变量首先是局部变量,是在过程内部定义的,只能使用过程内部的代码操作该变量,即它的作用范围和局部变量一样。

静态变量存放在静态数据区,当过程执行结束时,系统不释放静态变量的内存空间,使其值仍然可以被保留。当以后的某个时刻,该过程再次被执行时,原来静态变量的值可以继续使用。只有当程序运行结束,系统才释放静态变量的内存空间。

静态变量的声明语句为：

Static 静态变量名 [As 数据类型]

例 4.1 说明局部变量与静态变量的使用特点。

运行工程,连续单击窗体上的"演示"按钮,事件过程将被重复执行。程序执行的特点是,静态变量的值总是在原值基础上累加,而局部变量的值总是重新计算。通过此例说明局部变量与静态变量的不同。界面设计和运行结果如图 4.4 所示。

程序代码如下：

```
Private Sub Command1_Click()
    Static intStatic As Integer              '定义静态变量
    Dim intLocal As Integer                  '定义局部变量
    intStatic=intStatic+1
    intLocal=intLocal+1
    Print "静态局部变量值为: " & intStatic
    Print "局部变量值为: "+CStr(intLocal)
    Print                                    '输出空行
End Sub
```

（3）模块级变量

如果希望在模块内的所有过程中使用某些变量,则应为这些变量定义更广的作用范围。在模块的"通用声明部分"声明的变量称为模块级变量。模块级变量允许声明它的模块中的各个过程操作,而不允许工程中其他模块中的过程访问或修改。

模块级变量存放在静态数据区,其生命期是程序期。

模块级变量的声明语句为：

Dim 变量名 [As 数据类型]

或

Private 变量名[As 数据类型]

必须强调,上述声明语句一定放在模块的"通用声明部分"中,即在 Option Explicit 语句之下,所有的过程体之前,如图 4.5 所示。

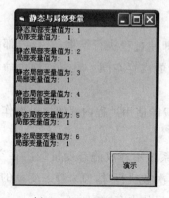

图 4.4　例 4.1 的用户界面和运行结果

图 4.5　模块级变量的声明

（4）全局变量

全局变量是作用范围最广的变量，可以被整个工程的所有模块的所有过程中的代码操作。即它的作用范围是整个工程。全局变量可以在工程的任意模块的"通用声明部分"中声明。

全局变量存放在静态数据区，其生命期是程序期。

全局变量的声明语句为：

Public 全局变量名 [As 数据类型]

4.3.4　运算符与表达式

运算是对数据进行加工、处理的过程，描述各种不同运算的算术符号称为运算符，如＋、－、*、/、And、Or 等，参与运算的数据称为操作数。

表达式表示某个求值过程，它由运算符、数字、字符、常量、变量、函数、对象和配对的圆括号以合理的形式组合而成。表达式的功能是用于执行某种特定的运算、操作字符或测试数据，每个表达式运算只产生一个结果。

表达式的类型由运算操作的对象——操作数的类型决定。若表达式中的操作数类型相同，则表达式运算结果的类型与操作数类型相同；若表达式中的操作数类型不同，则VB 规定，表达式运算结果的类型为占存储单元多的操作数的数据类型。例如，两个长整型数据相加，其结果类型为长整型（Long）；一个整型数与一个单精度浮点数相加，其结果类型为单精度浮点型（Single）。

表达式的运算结果一般是要存储在变量中，这称为赋值语句，其语法格式为：

变量名=表达式

赋值语句的执行结果是将等号右边的表达式的运算结果值赋给等号左边的变量。表达式结果的类型应与变量的类型相同。若不同，VB 将表达式结果的类型转换为变量的类型，注意这种转换可能会丢失数据的精度。

1. 算术运算符和表达式

算术运算符是一组最简单的运算符，由算术运算符、常数、常量、变量构成的表达式称为算术表达式。

（1）算术运算符

算术运算符主要包括以下 7 种：

＋：加法。两个数值相加运算。

－：减法。两个数值相减运算。

*：乘法。两个数值相乘运算。

/：浮点除法。两个数值相除运算。例如，1/2＝0.5。

\：整数除法。参与整除运算的操作数应为整型，如果参加运算的数据含有小数，则首先将它们四舍五入，使其成为整数再参加运算，运算结果截去小数部分。例如，5\3＝1。

MOD：模运算。它返回运算符左边操作数整除右边操作数所得的余数，且结果的符号与左边操作数相同。例如，5 MOD3＝2，5 Mod（－3）＝2。

^：乘方（指数运算）。既可以计算乘方又可以计算根。例如，10^2 表示求 10 的二次方运算，10^3 表示求 10 的三次方运算，25^0.5 表示求 25 的平方根运算，8^(1/3)表示求 8 的立方根运算。

以上 7 种运算都是双目运算，还有一种单目运算，取负"－"。

由算术运算符、常数、常量、变量构成的表达式称为算术表达式。例如：

```
50 * 2+ (70- 6)/8
((x+ y) * 100 * Abs(z))/conPi
x=50 * 2+ (70- 6)/8
y= ((x+ y) * 100 * Abs(z))/conPi
```

（2）算术运算符的优先级

一个算术表达式中包含了多种运算符，因此必须规定运算符的运算顺序。VB 定义了算术运算符运算的先后顺序，这种顺序称为算术运算符的优先级。其优先级从高到低为：^、* 或/、\、MOD、＋或－。其中乘和除、加和减是同级运算符。优先级高的运算符优先处理，相同优先级的运算符的运算顺序从左到右，括号内的运算先做。

2．关系运算符和表达式

关系运算符是将运算符左右两边的数据或表达式的结果进行比较，但要求运算符两边的操作数的数据类型应相同。被比较的数据可以是数值、字符、字符串、日期时间，但不能是布尔型数据。如果比较式成立，则运算结果为真（True），否则结果为假（False）。VB 提供了 6 种关系运算符，分别为＝、＞ 、＜ 、＞＝ 、＜＝ 、＜＞ 。

用关系运算符将两个表达式连接而成的表达式称为关系表达式，其格式为：

<表达式 1> <关系运算符> <表达式 2>

关系运算符没有优先级问题，但也有其操作顺序。关系表达式的运算次序为：先分别运算关系运算符两侧的表达式，然后再将二者进行比较，进而得出运算结果 True 或 False。例如：

```
5 * 2>3 * 3        '结果为 True
5 * 2>=10          '结果为 True
5 * 2>10           '结果为 False
```

注意，不要对单精度数和双精度数进行等于"＝"比较运算，由于浮点数的误差，会造成不相等，产生计算错误。

3．逻辑运算符和表达式

逻辑运算符用来对布尔型数据进行操作运算，最常用的是 And、Or 和 Not 运算符。逻辑运算符同算术运算符一样，也有运算符的优先级，其优先级从高到低为 Not、And、Or。这些逻辑运算符的真值表如表 4.2 所示：

表 4.2　逻辑运算符的真值表

a	b	Not a	a And b	a Or b
True	True	False	True	True
True	False	False	False	True
False	True	True	False	True
False	False	True	False	False

逻辑运算表达式由关系表达式、逻辑运算符、布尔常量、布尔变量和函数组成,其格式如下:

<关系表达式 1>　<逻辑运算符>　<关系表达式 2>

逻辑运算表达式的运算结果只有 True 或 False。例如:

```
2+3>5 And 5<3              '结果为：False
Not 5<3 And 6*2=10+2      '结果为：True
5>=5 Or 4*7<>7            '结果为：True
x=10
x>10 Or 5>3               '结果为：True
y=2
y<=1 And 4*7>=10         '结果为：False
```

4. 字符串运算符和表达式

VB 允许字符串的运算,而字符串的运算比较简单,只能将多个字符串或数值连接为一个新的字符串。实现字符串连接的运算符称为字符串运算符。由字符串常量、字符串变量、字符串函数通过字符串运算符构成的表达式称为字符串表达式。

字符串运算符有两个:"+"运算符和"&"运算符。

(1)"+"运算符

"+"运算符是字符串拼接运算符,在拼接中,要求"+"运算符两边的操作数必须为字符串常量或字符串变量,拼接的结果将运算符两边的字符串数据按从左到右的顺序连接起来,形成一个新的字符串。例如:

```
Dim I As Integer
I=10
Print "数字是:" + CStr(I)        '结果是字符串："数字是：10"
```

(2)"&"运算符

"&"运算符也是字符串拼接运算符,在拼接中可以将各种数据类型的数据连接起来形成一个新的字符串。例如:

```
Dim I As Integer
I=10
Print "数字是:" & I              '结果是字符串："数字是：10"
```

需要说明的是,在构造字符串表达式时,运算符"＋"或"&"与其两边的数据之间必须有空格,如上例所示。

5. 统一地看待表达式

虽然运算符的丰富使得表达式比较复杂,但从运算符优先级设置的道理上能总结出表达式的几个目的。

(1) 算术表达式的目的是算术运算,因此算术运算类的主要运算符都符合数学上的运算规则。

(2) 关系表达式的目的是进行值的大小、相等比较,要比较的主要是算术表达式的值,从而 VB 在优先级设计上使算术运算符优先级高于比较运算符。例如,a＋b＊c＞＝x1＊2.0－5 就是将被比较的两个算术表达式先计算后再比较,而不必写成(a＋b＊c)＞＝(x1＊2.0－5)。

(3) 逻辑表达式的目的是两种比较结果的逻辑关系。例如 x＞5 并且 x＜10;x＜－1 或者 x＞6;a＝b 并且 b＝c;a＝b 或者 c＝d…因此优先级设计上,关系运算优先于逻辑运算。

(4) 字符串运算符是把字符串"加"起来,其优先级等同于算术运算符。

(5) 赋值表达式的目的是将表达式的运算结果计算出来赋值给变量,这自然要求赋值运算符优先级低于用于计算的运算符优先级,以达到"最后再赋值"的目的。

6. 用表达式描述功能与运算要求

这一问题在以后的程序设计中是非常重要的,虽然我们可以想出编程思想,给出程序甚至程序中每一个语句要做什么工作,但具体如何表达,仍要靠书写一个正确的表达式来实现,因此正确书写表达式是程序设计最基础的工作。从现在开始应逐步学会表达式的书写方法,并且积累一些具有特定功能的表达式。请思考下列问题:

(1) 判断一个数是偶数还是奇数。

(2) 写出求正整数 x 的个位、十位、百位的表达式。

(3) 描述数学上的定义域 $x \in [-2, -1]$ 或(1, 2]。

4.3.5 顺序结构程序设计

从本节开始进入编程阶段,读者在本节中不但要学习 VB 语言的语法、知识、技术,很重要的一点是要循序渐进地培养编程的能力。本书采用"同步思维教学法"来培养编程能力,即从问题出发一步步进行分析、设计直至编出完整程序。这种思维过程是引导性的,是与读者同步性的,对培养分析问题、解决问题、设计程序的能力大有好处。

编程能力培养从读者角度而言,主要是在跟上教学进度的前提下,多读程序、多编程序、多上机调试程序,并且要注重"二次分析",也就是说对读懂的、编出来的和调通了的程序再进行一次分析,这样会使你对问题的理解上升一个新高度。

1. 数据输入

所谓输出,就是将程序中的数据(变量值、表达式值、运行结果等)显示在屏幕上;所谓输入,就是从键盘上敲入一些数据送给变量,这些数据在程序中被处理。很显然程序中若没有输出,我们就不可能见到运行结果,而没有输入程序就不可能方便、灵活地处理数据。输入、输出是程序的基本要素。

在 VB 中实现数据输入的方法有多种,以下列出了其中主要的两种:

- 文本框(TextBox)控件
- InPutBox 函数

用户在文本框控件中输入数据,在程序中通过文本框的 Text 属性获得输入的内容。如下所示把输入文本框 txtPassword 中的内容保存在变量 strPassword 中:

```
Dim strPassword as String
strPassword=txtPassword.Text
```

InputBox 函数用"输入对话框"的形式满足输入文本数据的基本需求。语法格式为:

```
变量名=InPutBox (提示内容,[对话框标题],[默认输入值])
```

其中,"提示内容"为对要输入的文本内容进行的说明或解释。[对话框标题]为可选项,指定输入对话框的标题。[默认输入值]也为可选项,指定输入值的默认值。"变量名"存放用户通过"输入对话框"输入的数据,类型为字符串。因此在程序中使用输入的数据进行数值运算时,最好使用类型转换函数进行类型转换,如 CInt、CSng 函数等。在程序中使用 InPutBox 函数时,系统自动地显示如图 4.6 所示的输入对话框。用户在文本输入框中输入数据后,单击"确定"按钮确认输入操作,输入的数

图 4.6　输入对话框

据值返回到由"变量名"定义的变量中,若用户单击"取消"按钮,则返回一个零长度的字符串。

2. 数据输出

VB 提供了多种数据的输出方法,以下列出了其中主要的三种:

- 对象的 Print 方法
- 标签(Label)控件
- 文本框(TextBox)控件

Print 方法用于在窗体、立即窗体、图片框、打印机等对象上显示文本字符串或表达式的值。Print 方法的语法格式为:

```
[对象名].Print [表达式表][,]
```

[对象名]为可选项,若选该项则指定数据输出的对象,可以是窗体、立即窗体、图片框、打印机等对象。若省略该选项,则数据输出在当前窗体上。

标签控件输出文本是利用其 Caption 属性,如要在标签 lblDisplay 中显示字符串"欢迎进入本系统",语法格式为:

```
lblDisplay.Caption="欢迎进入本系统"
```

文本框控件输出文本是利用其 Text 属性,如要在文本框 txtName 中显示字符串"张浩",语法格式为:

```
txtName.Text="张浩"
```

3. 顺序结构程序设计

顺序结构是最简单的一种程序结构。所谓"顺序"有两层含义:一是程序中的语句是一条一条按顺序执行的;二是对于一个复杂的问题,可以由几个步骤顺序地处理,以最终解决问题。也就是说,要解决一个问题,应当先做什么,再做什么,最后做什么,不能胡来。

例 4.2　输入三角形三边长,求三角形的面积。

首先进行界面设计,如图 4.7 所示。

前三个文本框供用户输入三边边长,分别取名为 txtA、txtB、txtC,最后一个文本框输出面积,取名为 txtArea。运行程序,用户先在边长文本框中输入三边边长,然后单击"求三角形面积"按钮 cmdCalculate,则在面积文本框中输出面积。

图 4.7　"求三角形面积"界面

下面分析代码的编写。程序是"输入—处理—输出"的过程。输入什么?三角形的三个边长(即三个实数);输出什么?三角形面积;处理什么?通过三边长计算面积值。据此得到程序的基本结构为:

{1. 输入三个边长}
{2. 求得三角形面积}
{3. 输出三角形面积}

用 a,b,c 表示三个边长变量,面积取名为 area。这时可以将程序结构进一步细化设计,直至可以用语句描述。

```
{1. 输入三个边长→a,b,c}➡a=Csng(txtA.Text)
                        b=Csng(txtB.Text)
                        c=Csng(txtC.Text)
{2. 求得三角形的面积}
{3. 输出三角形面积 area}➡txtArea.Text=cStr(area)
```

你也许会问,还不知道怎么计算面积,就将输出面积值的语句写出来了,这是不是太"滑稽"了? 不是的,作为顺序结构,当程序执行到第 2 步时,a,b,c 中已经有了边长;当程序执行到第 3 步时,area 中已含有了面积;至于 area 是如何求出的,则是第 2 步要解决的,与第 3 步无关,这就是计算机程序设计中常说的状态。在程序的某个位置状态如何,不但是我们编程中关注的,也是程序调试中关注的。

现在考虑第 2 步，即如何利用三角形三边求面积，这是数学问题，应用"海伦公式"可以做到。设半周长为 s，三角形边长为 a，b，c，则求三角形面积的公式为：

$$area = \sqrt{s(s-a)(s-b)(s-c)}$$

在用海伦公式求面积的表达式中，4 次用到"半周长"，应当设计一个中间变量 s，用来存放"半周长"，这样计算就简化了。使用中间变量是程序设计中经常采用的办法，它能使程序变得简捷、易读。

这样程序中的第 2 步可以细化并写出语句了。

{2. 求三角形的面积}➡{求半周长 s}➡s=0.5*(a+b+c)；

　　　　　　　　　{求面积 area}➡area=Sqr(s*(s-a)*(s-b)*(s-c))

至此程序已设计完成，再将细化的语句（代码）统一书写成程序格式：前面加上变量定义部分，放在按钮的事件过程中，俗称"穿鞋戴帽"，程序就完成了。最后还要经上机调试才知道程序是否书写正确。

答案

```
Private Sub cmdCalculate_Click()
    Dim a, b, c, s As Single
    Dim area As Double
    a=CSng(txtA.Text)
    b=CSng(txtB.Text)
    c=CSng(txtC.Text)
    s=0.5*(a+b+c)
    area=Sqr(s*(s-a)*(s-b)*(s-c))
    txtArea.Text=CStr(area)
End Sub
```

要点

① 编程思想：输入—处理—输出。
② 变量设计：用变量存放数据。
③ 使用中间变量。
④ 积累"小"问题的解决办法。

例 4.3 求方程 $ax^2+bx+c=0$ 的根，假设判别式 $\triangle \geqslant 0$。

首先进行界面设计，如图 4.8 所示。

前三个文本框供用户输入 a、b、c 3 个系数，分别取名为 txtA、txtB、txtC，后两个文本框输出根 x_1、x_2，取名为 $txtX_1$、$txtX_2$。程序运行起来以后用户先在系数文本框中输入 3 个系数，然后单击"求方程 $ax^2+bx+c=0$ 的根"按钮（该按钮命名为 cmdCalculate），最后在根文本框中输出结果。

仍然从"输入—处理—输出"这一解题思路做程序设计的切入点：输入 3 个系数，求得两个根，将两根输出。同时应设计 5 个 Single 型变量：a，b，c 存放系数，x_1，x_2 存放两个根。程序的一级结构和细化如下：

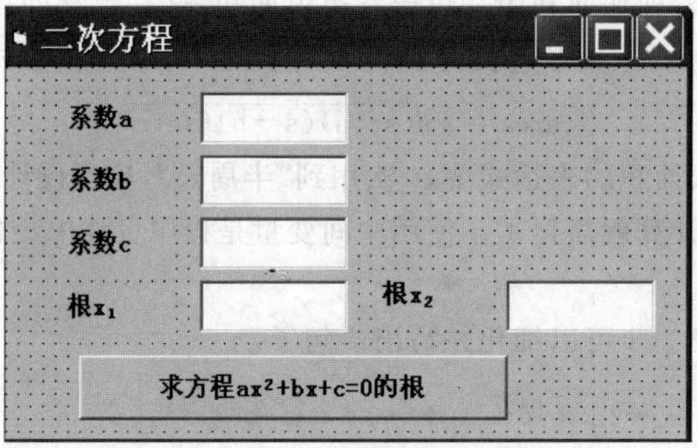

图 4.8 "求二次方程的根"界面

```
{1. 输入三个系数→a,b,c}➡a=CSng(txtA.Text)
                        b=CSng(txtB.Text)
                        c=CSng(txtC.Text)
{2. 求得两个根→x1,x2}
{3. 输出两个根 x1,x2}➡txtX1.Text=CStr(x1)
                      txtX2.Text=CStr(x2)
```

第 2 步的细化中应考虑设一个中间变量存储判别式 △ 的值,并用求根公式计算两根值。

```
{2. 求得两个根→x1,x2}➡{dlta=b * b-4 * a * c}
                      {x1= (-b+ Sqr(dlta))/(2 * a)}
                      {x2= (-b- Sqrt(dlta))/(2 * a)}
```

"穿鞋戴帽"可得出完整程序。

程序

```
Private Sub cmdCalculate_Click()
    Dim a, b, c, x1, x2, dlta As Single
    a=CSng(txtA.Text)
    b=CSng(txtB.Text)
    c=CSng(txtC.Text)
    dlta=b * b-4 * a * c
    x1= (-b+ Sqr(dlta))/(2 * a)
    x2= (-b- Sqr(dlta))/(2 * a)
    txtX1.Text=CStr(x1)
    txtX2.Text=CStr(x2)
End Sub
```

再讲两点。

第一,如果输入时的 a,b,c 使 $△<0$,我们的算法是错误的,因为 Sqr() 的参数为负会导致程序运算发生异常,例 4.2 中输入的三边也有可能构不成三角形,从而在用海伦公式作开方(Sqr)时因参数为负导致运行故障。如何避免这类情况的发生呢?解决这类问题

有两种方法,一种是程序对输入作判断,若正确则继续处理,若输入不合理则给出错误信息并退出程序。这种方法称为判断型,又称防卫型程序设计。另一种是对输入提出要求,输入者必须对输入负责,若输入数据不合理导致程序运行异常,程序不负责任。这种方法称为条件型程序设计。我们在平时的编程和考试中,经常采用这种条件型程序设计方法对问题附加一定的条件使程序简化,例如这两个例子。但在软件开发中,防卫型程序设计是必需的。

第二,这两个例子中,我们都用到了系统函数 Sqr( ),以后编程会用到更多的系统函数,读者应尽快掌握常用的系统函数。

要点

① 复习例 4.2 中的要点①~③。

② 输入的合法性有"条件型"和"判断型"两种处理方案。

③ 尽快掌握常用系统函数的使用。

例 4.4 对输入的四位正整数,求其各位数字之和,例如输入 6 152,则应输出 14。
界面设计如图 4.9 所示。

图 4.9 "求四位正整数各位之和"界面

两个文本框分别取名为 txtInput、txtSum。

读者可以很轻松地分析出该程序由 4 个步骤顺序完成:①输入 Integer 型值→变量 y;②求得 y 的个、十、百、千位→x_1、x_2、x_3、x_4;③将 x_1、x_2、x_3、x_4 相加→s;④最后将 s 输出。而①③④3 步可以方便地写出对应的语句。关键问题是如何将整数 y 的个、十、百、千位取出来。这是一个技巧问题,前面已经介绍过。

程序 1

```
Private Sub cmdCalculate_Click()
    Dim y, s, x1, x2, x3, x4 As Integer
    y=CInt(txtInput.Text)
    x1= y Mod 10
    x2= (y\10) Mod 10
    x3= (y\100) Mod 10
    x4=y\1000
    s=x1+ x2+ x3+ x4
    txtSum.Text=CStr(s)
```

```
        End Sub
```

程序 2

```
Private Sub cmdCalculate_Click()
    Dim y, s, x As Integer
    y=CInt(txtInput.Text)
    x=y Mod 10: s=s+x: y=y\10
    x=y Mod 10: s=s+x: y=y\10
    x=y Mod 10: s=s+x: y=y\10
    x=y Mod 10: s=s+x: y=y\10
    txtSum.Text=CStr(s)
End Sub
```

程序 2 和程序 1 有两点不同。

第一，程序 2 中有三条语句执行了 4 次，这三条语句是 $x=y$ Mod 10、$s=s+x$、$y=y\setminus10$，读者可以 $y=9\,753$ 为例进行分析。这种方案的本质是通过右移的方法使 y 的个、十、百、千位依次移动到个位上（通过 $y=y\setminus10$ 实现），通过对 y 取余将个位取出，经 4 次处理后，个、十、百、千位都得以在个位被取出。这是又一种对整数的各位进行处理的方法。

第二，如果 y 是 10 位数，对程序 1 而言需要 10 个变量 x_1，x_2，… x_{10}；如果 y 有 20 位呢？这个程序是不可能真正编下去的。对第 2 个程序，还是用这三个变量 y，x，s 就够了，只是 3 条语句的重复执行次数是 10 次、20 次。在第 5 章中将这 3 个语句"包"在一条循环语句中，就可以任意实现 10 次、20 次乃至更多次的处理。

在程序 2 中的变量 s 和 y 具有这样的特点，对 y 的处理（$y\setminus10$）结果仍存在 y 变量（$y=y\setminus10$）中；对 s 变量的处理（$s+x$）结果仍存在 s 变量（$s=s+x$）中。这种"对变量进行某种处理的结果仍存在这个变量中"的思想被称为"算盘思想"，这个变量就是一个"算盘"。读者必须从现在起就建立这种算盘思想，而其方法就是"将处理结果仍存在这个变量中"。

要点

① 取整数中某一位的方法。

② 整数的右移方案处理整数中的每一位数。

③ 程序设计中的"算盘思想"。

4.3.6　分支结构程序设计

当解决复杂问题时，仅采用顺序结构的模式就显得力不从心，因此必须利用更复杂、更灵活的程序控制结构解决实际应用中的难题。

自然界和社会生活中存在许许多多的分支现象，比如在生活中经常遇到这样的情况："如果不发烧，就不用打针""如果没有大雾，飞机就可以正常起飞，否则就要延误"，等等，这些都是典型的分支现象。用计算机语言解决实际问题中的分支现象时，需要采用分支控制结构，计算机科学的分支结构是描述自然界和社会生活中的分支现象的重要手段。分支结构在执行时的特点是：根据所给定的选择条件为真或为假，决定从各实际可能的不同分支中执行某一分支的相应操作，并且即使分支众多，也仅选其一。

VB 中的分支结构包括以下 4 种语句形式,它们的执行逻辑和功能略有不同:

- If···Then 语句。
- If···Then···Else 语句。
- If···Then···ElseIf 语句。
- Select···Case 语句。

1. 单分支结构与 If···Then 语句

单分支结构 条件满足时,执行预定的程序片断,之后再继续运行程序;而条件不满足时,什么也不做,继续运行程序。VB 中实现单分支结构的是 If···Then 语句。

语句形式

第一种格式:

If 表达式 e Then 语句段 s

第二种格式:

If 表达式 e Then
    语句段 s
End If

功能 首先计算表达式 e 的值,若为真则执行语句段 s,否则什么也不做。

流程 图 4.10 给出了单分支结构流程图。

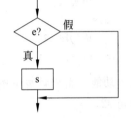

说明 s 可以是一条语句,也可以是多条语句。在第一种 图 4.10 单分支结构流程图
格式中,多条语句之间用“:”隔开,在第二种格式中,换行书写
多条语句。经常将 s 这一“语句段”称为“Then 块”,意思是“如果 e 为真,那么执行 s”。

例 4.5 求输入的整数的绝对值。

把代码写在按钮 Command1 的点击事件过程中。

从“输入—处理—输出”角度思考,程序应顺序地做三件事:输入一个整数存入 x;取 x 的绝对值;将 x 的绝对值输出。而取 x 的绝对值存到哪里? 可以存到一个变量 y 中,也可以仍存在 x 中。这是两种不同的想法,程序结构与程序代码均不相同。本例先实现后一种想法,即转换的绝对值仍存在 x 中。第一种想法在例 4.5 中实现。这样程序结构与细化过程见图 4.11。

```
{1. 输入整数→x}➡x=CInt(InputBox("请输入一个整数", "求绝对值"))
{2. 取 x 的绝对值→x}
{3. 输出 x}        ➡ Print x
```

图 4.11 程序结构与细化过程

再分析第 2 步,“取 x 的绝对值→x”是什么结构呢? 如果 x 是负数应当做 x=−x;如果 x 是正数呢? 对 x 不用处理,从而第 2 步是单分支结构,也就是说第 2 步应使用 If···Then 语句实现,If···Then 语句中的条件表达式是判断 x 是否负数,即 x<0;If···Then 语

句中的 Then 块是 x=-x。

程序

```
Private Sub Command1_Click()
    Dim x As Integer
    x=Val(InputBox("请输入一个整数", "求绝对值"))
    If x < 0 Then x=-x
    Print x
End Sub
```

2. 双分支结构与 If…Then…Else 语句

双分支结构　条件满足时,执行程序片断 1;不满足时,执行程序片断 2。这两个程序片断总有一个被执行到,是哪个程序片断由控制条件决定。

语句形式

```
If  表达式 e  Then
    语句段 s1
Else
    语句段 s2
End If
```

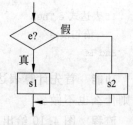

功能　首先计算 e 的值,若为真执行语句 s1,若为假执行语句 s2。

流程　图 4.12 给出了双分支结构流程图。

图 4.12　双分支结构流程图

说明　s1,s2 可以是一条语句,也可以是多条语句。经常将 s1 称为"Then 块",而将 s2 称为"Else 块",意思是"如果 e 为真那么执行 s1,否则执行 s2"。

例 4.6　如下程序在输入 19 和-19 时的输出结果是什么?

```
Private Sub Command1_Click()
    Dim x, y As Integer
    x=CInt(InputBox("请输入任意一个数"))
    If x >=0 Then
        y=1
    Else
        y=-1
    End If
    Print y
End Sub
```

当输入 19 时执行到 If 语句,条件表达式 x>0 为真,执行 Then 块语句 y=1,If 语句完成,输出为 y=1。当输入-19 时,x>0 为假,执行 Else 块语句 y=-1,If 语句完成,输出为 y=-1。值得注意的是双分支结构 If…Then…Else 语句的 Then 块和 Else 块必有一个被执行,但也只有一个被执行。

例 4.7 求输入的整数的绝对值。

继续例 4.5 的思考过程,采用"转换后的绝对值存入另一变量 y 中"的思想,从而得到如图 4.13 所示的程序结构与细化过程。

```
{1. 输入整数→x} ➡ x=CInt(InputBox("请输入一个整数"))
{2. 取 x 的绝对值→y}
{3. 输出 y}        ➡ Print y
```

图 4.13　程序结构与细化过程

再分析第 2 步,"取 x 的绝对值→y"是什么结构? 首先判断这不是单分支结构,因为 x 的取值可正可负,所以第 2 步的正确处理是可能给 y 赋＋x,也可能给 y 赋－x,二者必居其一,至于哪种赋法取决于 x 值的正负。明白了第 2 步是双分支结构,如下 2 条语句均正确。

① If x >=0 Then
    y=x
  Else
    y=-x
  End If
② If x < 0 Then
    y=-x
  Else
    y=x
  End If

程序

```
Private Sub Command1_Click()
    Dim x, y As Integer
    x=CInt(InputBox("请输入一个整数"))
    If x >=0 Then
        y=x
    Else
        y=-x
    End If
    Print y
End Sub
```

3. 多分支结构

单条件选择结构适用于描述较简单的分支现象,而多分支选择结构适用于描述较复杂的多分支现象。在多分支结构中,虽然分支众多,但是最终只能沿着一个分支执行。

(1) If…Then…ElseIf 语句

语句形式

If 表达式 e1 Then
    语句段 s1

```
ElseIf  表达式 e2   Then
    语句段 s2
    ...
ElseIf  表达式 e_n   Then
    语句段 s_n
Else
    语句段 s_{n+1}
End  If
```

流程 图 4.14 给出了多分支结构流程图。

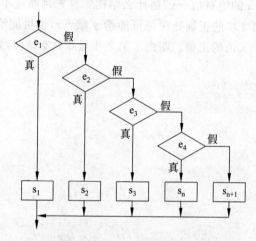

图 4.14 多分支结构流程图

例 4.8 将学生成绩(整数)按如下规则转换为相应的等级。

$90\sim100$ 分：A 级

$70\sim89$ 分：B 级

$60\sim69$ 分；C 级

$0\sim59$ 分：D 级

程序

```
Private Sub Command1_Click()
    Dim intGrade As Integer
    intGrade=CInt(InputBox("输入学生成绩"))
    If intGrade >=0 And intGrade <=100 Then
        If intGrade >=90 Then
            Print "学生成绩为：A 等"
        ElseIf intGrade >=80 Then
            Print "学生成绩为：B 等"
        ElseIf intGrade >=70 Then
            Print "学生成绩为：C 等"
        ElseIf intGrade >=60 Then
            Print "学生成绩为：D 等"
        Else
```

```
                    Print "学生成绩为：E等"
              End If
        Else
              Print "输入成绩不合法,请重新输入!"
        End If
End Sub
```

（2）Select…Case 语句

Select…Case 语句适用于描述较复杂的多分支现象。Select…Case 语句与 If…Then… Elself 语句一样,都是从多种情况中进行选择,只不过 Select…Case 语句的执行效率要高于 If…Then…Elself 语句。这是因为 Select…Case 语句在执行时,仅仅计算一次条件表达式的值,然后将计算的结果与语句中的多个常量值进行比较,从而决定沿哪一个分支执行。

语句形式

```
Select  Case  测试表达式
        Case   常量表达式 1
             语句段 s1
        Case   常量表达式 2
             语句段 s1
             …
        Case   常量表达式 n
             语句段 sₙ
        Case  Else
             语句段 n+1
End  Select
```

流程　图 4.15 给出了 Select Case 分支结构流程图。

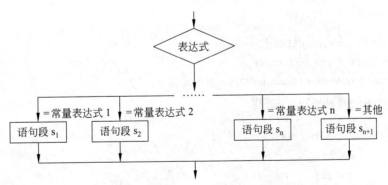

图 4.15　Select Case 分支结构流程图

Select…Case 语句中的"测试表达式"仅在语句执行开始时被计算一次,然后将结果值与语句的"常量表达式 1"中的值进行比较运算。若匹配成功,则执行"语句段 s1"中的语句;如匹配不成功,则依次与"常量表达式 2"到"常量表达式 n"中的值比较,如果与某个表达式中的值相等,则执行相应的 Case 语句之后的语句段。若所有的常量表达式中的值与"测试表达式"的结果值都不匹配,则执行 Case Else 之后的语句段。如果有多个 Case 语句后面的常量表达式中的值与"测试表达式"的值匹配,则只执行第一个与之匹配的 Case 语句后面的语句段。当某个 Case 语句之后的语句段执行结束后,整个 Select…Case 语句执行完毕,程序则执行 End Select 之后的其他语句。

Select…Case 语句中,至少应有一条 Case 语句,Case Else 语句可有可无,End Select 是语句的结束标志,不可缺少。

每个"常量表达式"可以包含一个或多个值。如果是多个值构成的值表,则每个值之间用逗号分隔,其形式为"值、值 1 To 值 2、Is 比较运算符值"的一个或多个组成的列表。To 关键字用于指定一个数值范围,如 10 To 20,表明值在 10~20 之间,包括 10 与 20 本身。在使用 To 关键字指定取值范围时,两个数值中较小的应放在 To 之前。Is 关键字与比较运算符配合使用也可用于指定一个数值范围。例如:

```
Const MaxNum=10000
Dim x As Integer
x=6
Select Case x '测试表达式为 x, 语句的功能为: 根据 x 的范围决定执行的操作
    Case 1 To 4,7 To 9,11,13,Is>MaxNum
    '若 x 在 1~4、7~9 之间或等于 9、11、13 或大于最大值 MaxNum
        x=x+1: Print x
    Case 5,6,10,12    '若 x 等于 5、6、10、12
        x=x+10: Print x
    Case Else          'x 为其他数值时
        x=x+100: Print x
End Select
```

例 4.9 题目同上例 ,用 Select…Case 语句实现
程序

```
Private Sub Command1_Click()
    Dim intStuScore As Integer
    intStuScore=CInt(InputBox("输入学生成绩"))
    Select Case intStuScore\10
        Case 10,9
            Print "A"
        Case 8
            Print "B"
        Case 7
            Print "C"
        Case 6
            Print "D"
        Case Else
            Print "E"
```

```
        End Select
End Sub
```

4. 分支结构程序设计

本小节将继续训练编程思想,除了以本节学习的分支结构编程技术为重点外,还要在编程思想的训练上突出如下两个重点内容。

一是加深读者对"思想—结构—代码"编程三部曲的更深层认识;二是让读者体会"一题多解"以开拓编程思路。理解不同编程思想产生不同程序结构,以及同一程序结构,选择不同程序语句产生不同程序等一系列思维问题。

例 4.10 编写程序,对输入的整数,输出其符号(+,-)。

首先输入整数存入变量中,之后对其符号的处理有两种思想:一是直接将符号输出;二是将符号送入一个字符串变量中再输出该字符串变量。

(1) 直接将符号输出。

程序结构如图 4.17 左部所示,第 2 步分别输出"+"号和"-"号,应使用两条不同的语句并择其一执行,这显然是双分支结构,应选 If…Then…Elself 语句,结构细化至代码,如图 4.16 右部所示。

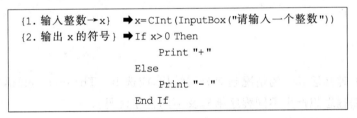

```
{1. 输入整数→x}  ➡x=CInt(InputBox("请输入一个整数"))
{2. 输出 x 的符号}  ➡If x>0 Then
                      Print "+"
                  Else
                      Print "- "
                  End If
```

图 4.16 程序结构与细化过程

程序

```
Private Sub Command1_Click()
    Dim x As Integer
    x=CInt(InputBox("请输入一个整数"))
    If x >0 Then
        Print "+"
    Else
        Print "-"
    End If
End Sub
```

(2) 将符号存入字符串变量。

程序结构如图 4.17 左部所示,其中第 2 步可能给 s 赋"+"号也可能赋"-"号,二者必居其一,是双分支结构,应选 If…Then…Elself 语句。对应的代码及细化结果如图 4.17 右部所示。

```
{1. 输入整数→x}      ➡x=CInt(InputBox("请输入一个整数"))
{2. 将 x 符号→s}     ➡If x>0 Then
                           s="+"
                       Else
                           s="-"
                       End If
{3. 输出符号 s}      ➡Print s
```

图 4.17　程序结构与细化过程

程序

```
Private Sub Command1_Click()
    Dim x As Integer
    Dim s As String
    x=CInt(InputBox("请输入一个整数"))
    If x > 0 Then
        s="+"
    Else
        s="-"
    End If
    Print s
End Sub
```

要点

① 两种处理必居其一的情况是双分支结构,应选 If…Then…Elself 语句实现。

② 不同编程思想产生不同程序结构及不同程序代码。

例 4.11　输入两个实数,按从小到大的顺序打印。

一种方法是按两个变量(假设 a,b)的不同顺序打印(a,b 或 b,a),使输出的结果从小到大;另一种方法是通过变量交换的方法使 a<b;再打印 a,b。还有一种方法是 a,b 中较小者送入 x,较大者送入 y,之后再输出 x,y。

(1) 按 a,b 不同顺序打印。

程序结构如图 4.18 左部所示,第 2 步涉及两条输出语句(要么顺序为 a,b、要么顺序为 b,a)二者有一条被执行,故使用 If…Then…Elself 语句。代码细化结果如图 4.18 右部所示。

```
{1.输入两实数→a,b}   ➡a=CSng(InputBox("请输入实数 a"))
                       b=CSng(InputBox("请输入实数 b"))
{2.按不同顺序输出 a,b} ➡If a<b Then
                           Print a , b
                       Else
                           Print b , a
                       End If
```

图 4.18　程序结构与细化过程

程序

```
Private Sub Command1_Click()
    Dim a, b As Single
    a=CSng(InputBox("请输入实数 a"))
    b=CSng(InputBox("请输入实数 b"))
    If a <b Then
        Print a , b
    Else
        Print b , a
    End If
End Sub
```

（2）若 a,b 顺序不对则交换之。

程序结构如图 4.19 左部所示，第 2 步是什么结构呢？是双分支吗？不是，因为只有在 a>b 时需要交换，使 a 小 b 大。而 a<b 的情况下，a,b 的顺序是正常的，什么也不用做，直接输出 a,b 即可，所以第 2 步是单分支结构，应选用 If…Then 语句。代码的细化如图 4.19 右部所示。

```
┌──────────────────────────────────────────────────────────────────┐
│  {1. 输入两实数→a,b}    ➡ a=CSng(InputBox("请输入实数 a"))          │
│                            b=CSng(InputBox("请输入实数 b"))          │
│  {2. a,b顺序不对则交换}  ➡ If a>b Then 交换 a,b 值                   │
│  {3. 输出 a,b值}                                                    │
└──────────────────────────────────────────────────────────────────┘
```

图 4.19　程序结构与细化过程

注意两变量交换的方法应借助第三个变量。

程序

```
Private Sub Command1_Click()
    Dim a, b ,t As Single
    a=CSng(InputBox("请输入实数 a"))
    b=CSng(InputBox("请输入实数 b"))
    If a >b Then t=a: a=b: b=t
    Print a , b
End Sub
```

（3）将 a,b 中的较小者和较大者分别送 x,y 变量。

请读者自行编写程序结构，分析核心语句的结构并选择相应语句，细化至代码并写出完整程序。

例 4.12　输入三个实数，按从小到大顺序输出。

由于三个数之间的大小关系有 6 种（x,y,z;x,z,y;y,x,z;y,z,x;z,x,y;z,y,x），因此例 4.11 中的思路 1 与思路 3 均不理想，唯有思路 2 是可行的，借鉴思路 2 并延伸至本题的"三个数按从小到大顺序排列"。三个数的排序方法是：首先保证 x,y 间满足 x<y；再

保证 x,z 间满足 x<z;这时 x 肯定是最小的,最后保证 y,z 间满足 y<z。程序由如图 4.20 所示的 5 个步骤完成,其中第 2,3,4 步均采用"位置不对相交换"的思想,按上例的分析是单分支结构。据此可以方便地进行细化语句,并写出程序代码。

程序

```
Private Sub Command1_Click()
    Dim x, y, z, t As Single
    x=CSng(InputBox("请输入实数 x"))
    y=CSng(InputBox("请输入实数 y"))
    z=CSng(InputBox("请输入实数 z"))
    If x > y Then t=x: x=y: y=t
    If x > z Then t=x: x=z: z=t
    If y > z Then t=y: y=z: z=t
    Print x , y , z
End Sub
```

```
{1. 输入三个实数 x,y,z}
{2. 使 x,y 间达到 x< y}
{3. 使 x,z 间达到 x< z}
{4. 例 y,z 间达到 y< z}
{5. 输出 x,y,z}
```

图 4.20　程序结构

要点

① 思想决定结构。本例的思想决定程序是并列的单分支结构。

② 三个变量的排序方法。

③ 复习变量的交换方法。

4.4　实现步骤

1. 界面设计及实现

在前一章设计的界面上添加以下内容:

(1) 在如图 4.21 所示的组合框中添加用户名。通过修改组合框的 List 属性可以实现。如果需要输入多行数据,按住 Ctrl 键再按回车键,就可以将光标移到下一行。

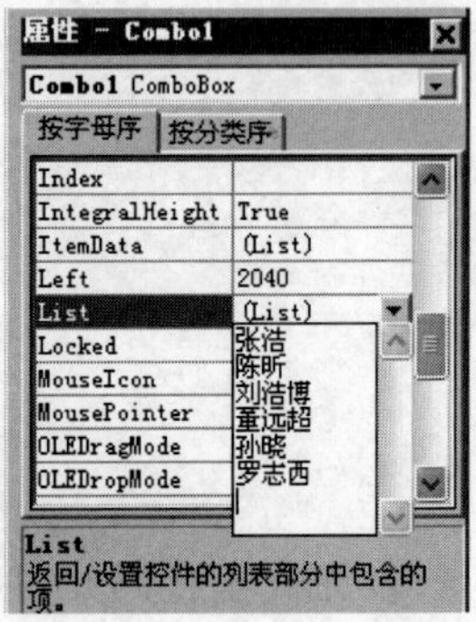

(2) 因为登录成功后要打开一个对话框,所以还需要创建一个窗体。在工程资源浏览窗口中单击右键添加,选择"添加窗体"选项后就会弹出"添加窗体"对话框。因为这里要新建一个普通窗体,所以直接单击"打开"按钮即可,窗体的名称属性设置为 frmSystem。

图 4.21　组合框的属性窗口

2. 编写事件过程

需要重新编写 cmdLogin 按钮的单击事件过程。

(1) 如果用户没有输入密码,单击"登录"按钮时,会弹出对话框提示用户,否则验证密码是否正确,因此程序大的框架是双分支结构(见图 4.22):

```
If 密码框为空 Then          If txtPassword.Text="" Then
    弹出对话框                  MsgBox "请输入密码!", vbCritical, "提示"
Else              ➡        Else
    验证密码                    验证密码
End If                      End If
```

图 4.22　程序框架与细化过程

（2）重点分析 Else 块"验证密码"的实现过程。

在本章，为了学习起见，用户的密码假设是固定的，第一个用户的密码是"111"，第二个用户的密码是"222"等。那么如何知道用户现在选择的是哪个用户名呢？这时就需要动态地取到组合框中的内容。要取得组合框的内容，首先要知道组合框的名称，然后访问它的 Text 属性，即：Combo1.Text。取得用户名后，就可以分别判断到底是哪一个用户，然后再判断密码是否相同。任务要求如果用户输入的密码正确，则隐藏登录窗体，显示窗体 frmSystem；如果密码不正确，则密码错误次数加 1。因此验证密码的代码分为两步：

```
① 判断密码是否正确
② If 密码正确 Then  ➡        If flg=True Then
      隐藏登录窗体,显示 frmSystem       frmLogin.Hide:frmSystem.Show
   Else                        Else
      密码错误次数+ 1              num= num+ 1
   End If                       End If
```

图 4.23　程序框架与细化过程

从图 4.23 左部可以分析出对于第一步"判断密码是否正确"执行完之后，第二步的条件判断中需要第一步的结果，因此在第一步中应加上判断的标记，这里设置一个布尔类型的变量 flg，在判断前赋值 False，在第一步，如果密码正确 flg 值置为 True。这样就可以进一步细化第二步的代码，如图 4.23 右部所示。

还剩下第一步"判断密码是否正确"，因为用户名需要进行多次比较并且只有一个符合条件，因此验证密码的结构应该是多分支结构，这里选择 Select…Case 语句。测试表达式是用户选择的用户名 Combo1.Text，常量表达式是不同的用户名，语句段 s 是把用户输入的密码与设定的密码进行比较，如相等则 flg 值置为 True，代码如下：

```
Select Case Combo1.Text
    Case "张浩"
        If txtPassword.Text="111" Then flg=True
    Case "陈昕"
        If txtPassword.Text="222" Then flg=True
    Case "刘浩博"
        If txtPassword.Text="333" Then flg=True
    Case "董远超"
        If txtPassword.Text="444" Then flg=True
    Case "孙晓"
        If txtPassword.Text="555" Then flg=True
```

```
        Case "罗志西"
            If txtPassword.Text="666" Then flg=True
End Select
```

（3）实现密码三次输入错误则退出应用程序。在如图 4.24 所示的 Else 块中变量 num 记录了密码输入错误的次数,该变量定义为 cmdLogin_Click 事件过程的局部变量是达不到效果的。根据局部变量的特点,每次单击 cmdLogin 按钮,系统会自动为 num 在动态数据区分配空间并初始化为 0,在单击事件过程执行结束后自动收回内存空间。为了保存变量 num 的值,应该在静态数据区为 num 分配内存空间,解决的方法可以把 num 定义为模块及变量或者定义为静态局部变量,本例采用后一种方法。

综上所述,cmdLogin_Click 事件过程的代码如下:

程序

```
Private Sub cmdLogin_Click()
    Dim flg As Boolean
    Static num As Integer
    flg=False
    If txtPassword.Text="" Then
        MsgBox "请输入密码!", vbCritical, "提示"
    Else
        Select Case Combo1.Text
            Case "张浩"
                If txtPassword.Text="111" Then flg=True
            Case "陈昕"
                If txtPassword.Text="222" Then flg=True
            Case "刘浩博"
                If txtPassword.Text="333" Then flg=True
            Case "董远超"
                If txtPassword.Text="444" Then flg=True
            Case "孙晓"
                If txtPassword.Text="555" Then flg=True
            Case "罗志西"
                If txtPassword.Text="666" Then flg=True
        End Select
        If flg=True Then
            frmLogin.Hide
            frmSystem.Show
        Else
            num=num+1
            MsgBox"密码输入错误"&num& "次!如果输错 3次将退出系统,vbCritical
            If num=3 Then End
        End If
    End If
End Sub
```

第 5 章　数据库访问的实现

本章的教学目标：
- 掌握 VB 的循环语句与循环结构程序设计；
- 掌握利用 ADO 对象访问 SQL Server 数据库的一般步骤。

5.1　目标任务

通过应用数据库访问技术，为银行贷款系统自动添加用户信息表中所有用户的名称，从数据库中取出密码，进行真正的密码验证。

5.2　效果及功能

本程序的外观效果及其所具有的功能如下。

（1）运行程序时，组合框中自动添加了用户信息表中的所有用户名称，看似效果与上一章的效果相同，其实不然。上一章中的组合框中的数据是设计时在组合框 Combo1 的属性窗口设置的，而本任务中是用代码在数据库中动态取得的，效果如图 5.1 所示。

图 5.1　"登录系统"界面

（2）单击"登录"按钮，进行真正的密码验证。此时密码是从数据库中取出的密码，而不是上一章中所讲的固定密码。

5.3　基础知识

5.3.1　循环结构程序设计

循环结构是非常重要的程序结构，"因为有了循环结构，才有了真正意义上的程序设计"这一说法并不为过。因此，本节是一个重要的内容，不但循环语句的内容重要，应用循环语句设计循环程序的编程思想更重要。可以说循环设计思想掌握好了，就会轻松地编写循环程序了，也就可以认为程序设计的入门工作完成了。循环结构是程序设计这门课的"分水岭"，学好本门课程是从学好循环程序设计开始的；没有学好本门课程与没学好循环程序设计有密切关系。

本节的线索是：先讲解各种循环结构及相应的循环语句；再通过阅读一些简单的循

环程序加深对循环语句及其流程的理解;在此基础上讲解循环结构程序设计的简单问题编程思想,并进行简单的编程"三部曲"分步训练;同时给出一些典型问题的程序模型。

1. 循环结构与循环语句

循环结构又称重复结构,是指具有同一规律的处理内容在一定条件下执行多次。从程序形式上看是一个语句片断在一定条件下重复执行多次。实现重复的语句称为循环语句。

VB 共有三种典型的循环结构及相应的循环语句:当型循环结构 Do While…Loop 循环语句;直到型循环结构及 Do…Loop While 循环语句;计数型循环结构及 For…Next 循环语句。

(1) 当型循环 Do While…Loop

当型循环结构　是指在某一条件满足的时候,重复地做某件事情。实现这一循环思想的语句是 Do While…Loop 语句。

语句形式

```
Do While 表达式 e
    语句段 s
Loop
```

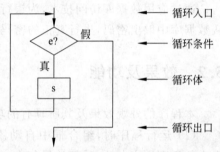

循环入口
循环条件
循环体
循环出口

功能　当 e 为真的时候,重复执行 s。

流程　图 5.2 给出了 Do While…Loop 语句流程。

图 5.2　Do While…Loop 语句流程

说明　从程序流程中可以看到,Do While…
Loop 语句的执行逻辑是:首先判断 e? 若为真则执行 s;再回到判断 e?,若为真则执行 s,再回到判断 e?,若为真则执行 s…当 e 为假时,循环语句结束。这一流程充分体现了重复的思想。被重复执行的是 s,称为循环体;决定是否继续执行 s(即循环是否继续进行下去)的是条件表达式 e,称为循环条件;循环语句开始执行的位置称为循环入口,程序运行至此有关变量值的情况称为入口状态;循环语句执行完毕会继续执行循环语句的下一语句,该位置称为循环出口,而此时有关变量值的情况称为出口状态。入口状态反映了循环语句执行的前提,而出口状态反映了循环语句的执行结果。

一般来说,循环体 s 的执行结果会引起条件表达式 e 的值发生变化,并在某次循环后使 e 为假,从而促使循环退出。这种通过条件表达式 e 的值变为假而导致的循环退出称为循环正常出口。如果在循环体中安排了一条中止语句 Exit Do(或者 Exit For),也可以导致循环语句退出,这一退出方法称为循环非正常出口。如果循环体的运行永不引起 e 值为假,并且循环体中未安排 Exit 中止语句或执行不到 Exit 语句,循环将没有退出的可能,这种情况称为死循环。大多数情况下应使用正常出口退出循环,少数情况下非正常出口也很方便。

循环体 s 可以是一条语句,也可以是多条语句组成的语句段。循环体中可安排任何有效的可执行语句,当然也可以是循环语句,这种情况称为循环的嵌套。

例 5.1　计算 s＝1＋2＋3＋4＋…＋100，用 Do While…Loop 循环实现。

```
Private Sub Command1_Click()
    Dim I , Sum As Integer
    Sum= 0
    I= 1
    Do While I<= 100
        Sum= Sum+ I
        I= I+ 1
    Loop
    Print "Sum is" + CStr(Sum)
End Sub
```

① 请参考图 5.1 中所给出程序的完整流程，特别关注 Do While…Loop 语句的流程。

② 明确 Do While…Loop 语句的四个要素：

入口状态：sum＝0；I＝1

循环条件：I<＝100

循环体：Sum＝Sum＋I；I＝I＋1

出口状态：Sum 中的值为 1＋2＋3＋…＋100，即 5050。

③ 按流程图读程序，注意体会循环条件判断、循环体语句执行这两个动作的流程，并关注每次循环中变量 I，Sum 的变化，以体会 Sum 是如何一步步到达 5050 的，而 I 是如何控制循环退出的。

要点

① 要十分清楚 Do While…Loop 语句的形式，并能从 Do While…Loop 语句中区分出条件表达式、循环体语句，同时关注入口状态和出口状态。

② Do While…Loop 语句的执行流程。读者必须会画 Do While…Loop 语句流程图，并按流程图读程序，从而进一步摆脱流程图，仅从 Do While…Loop 语句本身就可以清楚语句的执行过程。

③ 要格外注意能引起循环条件变化的有关变量在循环体内的处理规律，因为 Do While…Loop 语句的主体都在循环，而要其正常退出与上述的变量处理规律有关。例如，本例的变量 I 对 Do While…Loop 语句来讲就是需要格外关注的。

（2）直到型循环 Do…Loop While

直到型循环结构　直到型循环结构与 Do…Loop While 循环的差别在于，直到型循环是先执行循环体，后判断循环条件，而 Do…Loop While 循环是先判断循环条件后执行循环体。除此之外，二者一样。实现这一循环思想的是 Do…Loop While 语句。

语句形式

```
Do
    语句段 s
Loop While 表达式 e
```

功能　重复执行语句 s，在条件 e 为真的时候。

流程 图 5.3 给出了 Do…Loop While 语句流程。

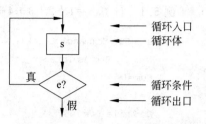

Do…Loop While 循环是先执行循环体后判断,也就是说不论循环条件是真是假,循环体必定会执行一次,换言之,首次循环是无法用循环条件控制的,在这一点上 Do While…Loop 与 Do…Loop While 不同。

图 5.3 Do…Loop While 语句流程

例 5.2 求 s=1+2+3+…+100,用 Do…Loop While 实现。

```
Private Sub Command1_Click()
    Dim I, Sum As Integer
    Sum= 0
    I= 1
    Do
        Sum= Sum+ I
        I= I+ 1
    Loop While I<= 100
    Print "Sum is"+ CStr(Sum)
End Sub
```

请读者按例 5.1 的方法阅读程序,以着重体会 Do…Loop While 语句的流程。

（3）计数型循环 For…Next

计数型循环 某些循环的执行次数是可以事先确定的,而循环语句负责控制循环体执行预定的次数,这种类型的循环称为计数型循环。例 5.1 就是一个典型的计数型循环结构,它的循环体执行 100 次。为实现计数循环必须引入一个循环次数控制变量以控制循环的执行次数,称该变量为控制计数器。例 5.1 中的变量 I 就是控制计数器,为实现用 I 控制循环次数,必须对控制计数器进行三个相关联的处理:

① 循环开始前赋循环初值(例 5.1 中的 I=1)。

② 循环体中作计数(经常是±1,并且计数经常安排在循环体最后一句话,即进入下一层循环之前)。这一过程称为按步长增值(例 1 中 I=I+1)。

③ 循环条件是控制计数器与循环终值作比较(例 1 中 I<=100)。

针对这一特殊的、经常用到的程序结构——计数型循环结构,VB 特别提供了 For…Next 语句给予支持。

语句形式

```
For 控制计数器 i=初值 To 终值 [Step 增量]
    语句段 s
Next
```

说明 语句中"Step 增量"表示步长,步长可正可负,用"[ ]"括起来,说明可有可无。当步长为+1 时,可省略不写,等同于"Step 1",否则需在 Step 后跟上步长,其执行流程见图 5.4 和图 5.5。

流程

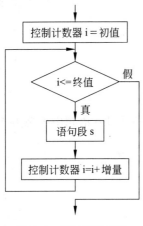

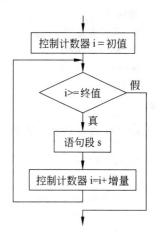

图 5.4　"增量"为正数　　　　　　图 5.5　"增量"为负数

例 5.3　求 s＝1＋2＋3＋…＋100，用 For…Next 语句实现。

程序 1

```
Private Sub Command1_Click()
    Dim I, Sum As Integer
    Sum= 0
    For I=1 To 100
        Sum= Sum+ I
    Next
    Print "Sum is"+ CStr(Sum)
End Sub
```

程序 2

```
Private Sub Command1_Click()
    Dim I, Sum As Integer
    Sum= 0
    For I=100 To 1 step -1
        Sum= Sum+ I
    Next
    Print "Sum is"+ CStr(Sum)
End Sub
```

（4）退出循环语句

功能　中止当前循环语句的执行。

作用　实现循环的非正常出口退出。

语句形式

① Exit For 语句功能：从 For…Next 循环中退出，并可在一条 For…Next 语句中出现多次。

```
For i=初值 To 终值  [Step 增量]
    [语句段 1]
    If  条件表达式   Then
        Exit  For
    End If
    [语句段 2]
Next
```

② Exit Do 语句功能：从 Do 循环中退出，并可在一条 Do 语句中出现多次。

```
Do  while  表达式 e
    [语句段 1]
    If  条件表达式   Then
        Exit  Do
    End If
    [语句段 2]
Loop
```

例 5.4 将输入的若干字符串在窗体上打印，以输入 $ 为结束。
程序

```
Private Sub Command1_Click()
    Dim s As String
    Do While True
        s= InputBox("请输入字符串,$表示结束输入")
        If s="$" Then
            Exit Do
        End If
        Print s
    Loop
End Sub
```

2. 循环程序的阅读

安排对一些简单循环程序的阅读理解，可以对各种循环语句、退出循环语句及循环嵌套问题在语句形式上、语句执行的流程上有更深一层的体会。只有掌握了这些语句的语法与功能，才能为后面的循环结构程序设计打下基础。

例 5.5 阅读如下程序，写出输出结果。

```
Dim I As Integer
For I=100 To 1 Step -20
    Print I
Next
```

答案 输出为 100 80 60 40 20。
在清楚了 For…Next 语句之后开始阅读程序。这是一个标准的步长为 −20 的递减计数循环，I 的初值为 100，即入口状态 I＝100。Step −20 是在循环体的最后被执行的，也就是说循环体有两句话，顺序为 Print I；I＝I−20；循环条件 I≥1。这时已建立了程序的流程，读者可画出流程图。

前 4 次循环 I＝100，80，60，40 并被打印出来，第 5 次循环 I＝20 被打印出来，I−20＝0➡判断 I≥1 不满足循环，退出。

例 5.6 阅读如下程序，写出输出结果。

```
Dim n, i As Integer
i=2
n=(Int(InputBox("请输入一个正整数")))      '假设输入 7,9
Do While (i<n)
    If n Mod i=0 Then
        Exit Do
    End If
    i=i+1
Loop
If  i=n Then print n
```

答案　当输入 7 时，输出 7；当输入 9 时，没有输出。

读者可画出流程图，然后阅读程序，注意 Do While…Loop 循环结构的入口状态和出口状态。在 Do While…Loop 循环中，既有正常出口又有非正常出口。当 i＜n 时进入循环，在循环体中，如 n 能整除 i，则从非正常出口退出循环；否则 i 加 1，直到 i 增加到等于 n，则从正常出口退出。

读者可以总结程序的功能：如果 n 能整除比自身小的数，从非正常出口退出循环，i＜n 不输出；如果 n 除以 2～n−1 所有数都有余数，即 n 为素数，从正常出口退出循环，i＝n 输出 n，因此程序的功能是输出输入的素数。

例 5.7 阅读如下程序，写出输出结果。

```
Dim words, chars As Integer
Dim MyString As String
For words=10 To 1 Step -1
    For chars=0 To 4
        MyString=MyString & chars
    Next chars
    MyString=MyString & " "
Next words
Print MyString
```

答案　01234 01234 01234 01234 01234 01234 01234 01234 01234 01234

在本题中应注意两点：

① 对于字符串型变量的处理，MyString 在定义时初始值为空串，即""，对于字符串拼接符"&"的作用是连接两个字符串。

② 程序主体是一个嵌套的循环，外循环的控制计数器 words 从 10 变化到 1，步长为

—1,即控制循环体执行 10 次,再看循环体每次做了什么。是在 MyString 后连接变量 chars,chars 从 0 变化到 4,则在第一次循环体执行完后 MyString 的值为"01234 "。读者可按键盘上的 F8 运行程序,让程序进入调试状态,然后单步跟踪程序,注意变量 words、chars、MyString 的变化。

③ 这个程序的流程图稍微复杂一些,读者应逐渐摆脱流程图,直接阅读程序就能清楚程序的执行流程。

3. 循环结构程序设计

本小节的重点是程序设计训练,包括循环问题的思考、循环程序结构的确立、一些典型问题的程序结构及编程三部曲的进一步训练。

例 5.8 消去非 0 整数中的因子 2。具体要求是输入一个非 0 整数,将该整数中的所有因子 2 消去,使之成为奇数并输出。

程序基本构架如图 5.6 左部所示,第 2 步是核心问题,如何消去 x 中的因子 2? 人工的办法是每次消去一个因子 2,做多次直到 x 是奇数为止。例如 x=24,消去因子 2,x= 12,再消去因子 2,x=6;又消去因子 2,x=3,此时 x 已为奇数,程序结束。由此看到消去 x 中因子 2 这一问题是循环的。

对于循环问题,VB 提供了三种循环语句:For…Next 循环是不合适的,因为我们不可能事先知道 x 中有几个 2,故无法事先确定循环次数;Do…Loop While 循环是先执行循环体再判断循环条件,至少循环一次,即至少要消除 x 中的一个因子 2,但当 x 本身就是奇数时 Do…Loop While 不合适;结论是用 Do While…Loop 循环语句实现。最后得到图 5.6 中部的细化结果。

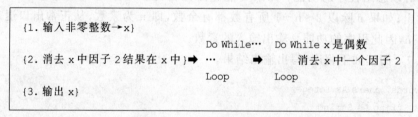

图 5.6　程序结构与细化过程

再来研究 Do While…Loop 语句的两个要素:循环条件和循环体。

循环条件是"x 还有因子 2,即 x 是偶数"。循环体是"消去 x 中的一个因子 2",从而得到图 5.6 右部细化后的结构。

再将有关形式描述用 VB 表示:x 是偶数➡x MOD 2=0;消去 x 中的一个因子 2➡ x=x/2;"穿鞋戴帽"得到程序代码。

程序

```
Private Sub Command1_Click()
    Dim x As Integer
    x=CInt(InputBox("请输入一个正整数"))
    Print "输入的 x=" & x
```

```
    Do While (x Mod 2=0)
        x=x\2
    Loop
    Print "消去因子2后x=" & x
End Sub
```

要点

① 问题是循环的,这一编程思想可以作为很多问题的切入点。

② 循环语句的选择及循环要素:循环条件、循环体的分析。

③ 判定一个数是奇数、偶数的方法及消元方法。

④ 程序设计的三部曲,就本例而言:

第一步:"核心问题是循环的"是基本设计思想。

第二步:选择循环语句,得到程序基本框架并经细化得到程序结构。

第三步:对程序结构中的所有形式的描述用 VB 实现。

例 5.9 求输入的 20 个整数中奇数之积和偶数之和。

这一问题可以理解为对输入的有限个数逐一处理的问题(20 个数)。20 个数是一次性输入的吗? 不是。是每次输入一个数并对其施加规定的处理,一共进行 20 次。这样程序基本结构应当是循环的,且是计数循环,因为要处理 20 个数,首先知道循环应做 20 次,从而得知图 5.7 左部的基本程序结构,是用 For…Next 语句实现的。

请注意,"对一组数据逐一处理"的问题有很多,因此图 5.7 左部的结构是典型的一种程序结构。

再来考虑第 2 步,从题目要求看,x 是奇数和偶数时处理不一样,因为 x 既可能去求积,也可能去求和,从而第 2 步应当是双分支结构,这样得到的第 2 步的细化结果如图 5.7 右部所示。

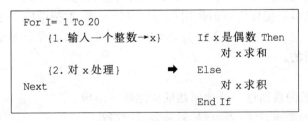

图 5.7　程序结构与细化过程

程序

```
Private Sub Command1_Click()
    Dim I, x, s, p As Integer
    s=0: p=1
    For I=1 To 20
        x=CInt(InputBox("请输入一个整数"))
        If x Mod 2=0 Then
            s=s+x
        Else
```

```
                p = p * x
            End If
        Next
        Print "偶数之和=" & s
        Print "奇数之积=" & p
    End Sub
```

本题讲授的另一问题是程序设计中重要的编程技术之一——三器技术。

"三器"是指在程序中三种特殊作用的变量,即"累加器"、"累乘器"和"计数器"。

① 累加器

将若干个数加在一起的处理在程序设计中称累加,它是通过在某一变量单元中不断加上一个值实现的,这一变量称为累加器。本例中的变量 s 就是累加器。

累加器在处理上多与循环结构相关,累加开始先要给累加器赋初值,通常是 0;循环中首先得到累加量,之后通过累加语句将累加量累加到累加器上。累加语句形式为:累加器=累加器+累加量。

请观察本例中累加器 s 的处理:循环前赋初值 s=0;循环中首先输入 x;在 x 是偶数时进行累加 s=s+x。

② 累乘器

实现若干个数的乘积处理称为累乘,它也是在累乘器变量上不断乘上一个累乘量,处理上与累加器类似,只是累乘量赋初值多为 1。"累乘语句"形式为:累乘器=累乘器 * 累乘量。

请观察本例中累乘器 p 的处理:循环前赋初值 p=1;循环中首先输入了 x;在 x 是奇数时作累乘 p=p * x。

③ 计数器

计数器是特殊的累加器,它每次累加的是固定值,多数为 1 或 -1。计数器有两种:第一种计数器只起控制循环次数的作用称为控制计数器,本例中的 i 就是控制计数器;第二种计数器记载了某种情况的出现次数,称为统计计数器。控制计数器除控制循环次数外也常用于其他目的。

要点

① 对固定个数的数据逐一处理问题的标准程序结构。

② 三器技术的实现方法(累加器、累乘器、计数器)。

例 5.10 求输入的 20 个数中,正数、负数及 0 的出现次数。

```
Private Sub Command1_Click()
    Dim x, intCount1, intCount2, i As Integer
    intCount1 = 0
    intCount2 = 0
    For i = 1 To 20
        x = CInt(InputBox("请输入一个数"))
        If x > 0 Then
            intCount1 = intCount1 + 1
        ElseIf x < 0 Then
```

```
                intCount2= intCount2+ 1
            End If
        Next
        Print "正数个数=" & intCount1 & " 负数个数=" & intCount2 & _
                    "  0个数=" & 20- intCount1- intCount2
End Sub
```

在这个程序中,intCount 1,intCount 2 就是统计计数器,分别记录了正数、负数的出现次数,而 i 是控制计数器,它控制循环执行 20 次。

要点 统计计数器的使用方法。

例 5.11 输入以−1 结束的一组年龄,求平均年龄。假设输入的年龄均是合理的。

例 5.10 中讲到的是对"一组数"进行处理,这一组数在程序设计时已规定了它的个数,此时采用 For⋯Next 循环最为方便。一组数还有一种情况,编程时我们并不知道要处理多少个数,这时必须通过"结束标志"来指明一组数的结束点。本例就是利用输入−1作为一组年龄的结束标志。本例要研究的正是"以标志结束的一组数"问题。

现在开始设计这个题目。求平均年龄的问题应由两个步骤实现:先求总年龄及人数,再通过除法求平均年龄并输出,而第一步是关键。分析有以下三点:

① 要设计一个年龄累加器,记为 intAge,通过累加技术求总年龄。

② 要设计一个人数计数器,记为 intNumber。

③ 求总年龄问题是累加问题,但由于是"以标志结束的一组数(年龄)"问题,事先不知道循环次数,应选 Do While⋯Loop 循环,从而有了图 5.8 左部,并细化至代码级的图 5.8 右部。

```
{累加器 year,计数器 man 清 0}➡intAge= 0: intNumber= 0
Do While⋯                  ➡Do While x <> -1
    {输入年龄→x}            ➡    x= CInt(InputBox("请输入一个年龄"))
    {累加年龄}             ➡    intAge= intAge+ x
    {人数计数}             ➡    intNumber= intNumber+ 1
Loop                        Loop
{求平均年龄→intAveAge}    ➡intAveAge= intAge/intNumber
{输出平均年龄}            ➡Print "平均年龄=" & intAveAge
```

图 5.8 程序结构与细化过程

循环条件应为:x 不是一组数的结束标志,即 x<> −1。但对于第一次循环,判断x<> −1 时,x 初始值为 0,所以能进入循环。进入循环后,立即执行 InputBox()将 x用输入的值覆盖了。

上述程序有一个问题,就是当输入结束标志−1 后,该值仍然被当做正常的年龄作累加和计数处理,这显然是不对的,为此应当将对 x 的处理语句 intAge=intAge+x;intNumber=intNumber+1 用 If⋯Then 语句控制起来成为:

```
If x <>-1 Then
    intAge= intAge+ x
    intNumber= intNumber+ 1
```

```
End IF
```

这样程序中有了两处判断 x<>-1 的地方,程序效率下降了,如下程序可以解决这一问题。

程序 1

```
Private Sub Command1_Click()
    Dim intAge, intNumber, intAveAge, x As Integer
    intAge=0
    intNumber=0
    x=CInt(InputBox("请输入一个学生的年龄,以-1标志结束"))
    Do While (x <>-1)
        intAge=intAge+x
        intNumber=intNumber+1
        x=CInt(InputBox("请输入一个学生的年龄,以-1标志结束"))
    Loop
    intAveAge=intAge / intNumber
    Print "平均年龄=" & intAveAge
End Sub
```

从这一程序我们总结出"以标志结束的一组数问题"的标准程序结构,见图 5.9。
当然,也可以用 ExitDo 语句实现这一思想,程序结构见图 5.10。

```
{输入第一个数}
Do While 该数不是结束标志
    {处理上一个数}
    {输入下一个数}
Loop
```

图 5.9 "以标志结束的一组数问题"
的标准程序结构 1

```
Do While True
    {输入一个数}
    If 该数是结束标志 Then Exit Do
    {处理该数}
Loop
```

图 5.10 "以标志结束的一组数问题"
的标准程序结构 2

程序 2 该程序是用 Exit Do 实现的"以标志结束的一组数问题"。

```
Private Sub Command1_Click()
    Dim intAge, intNumber, intAveAge, x As Integer
    intAge=0
    intNumber=0
    Do While True
        x=CInt(InputBox("请输入一个学生的年龄,以-1标志结束"))
        If x=-1 Then Exit Do
        intAge=intAge+x
        intNumber=intNumber+1
    Loop
    intAveAge=intAge / intNumber
    Print "平均年龄=" & intAveAge
```

End Sub

要点

① "以标志结束的一组数问题"的两种标准程序构架见图 5.9 和图 5.10。从结构化程序设计思想和性能上看,前图结构优于后图。

② 一定要逐步培养通过问题想到些什么的能力,这是编程必备的能力。本例我们想到了程序需开设累加器、计数器,进而想到循环,编程序就可以进行下去。

例 5.12 求输入的 10 个非零整数中不含因子 2 的部分积。例如输入 2,3,8,4,-1,20,1,2,16,7,则应输出-105。

如果手工处理这个问题会如何做呢? 应当有两种方法:第一种方法是先把 10 个数乘起来,再将积中的因子 2 消去;第二种方法是每当得到一个数时立即将其中的因子 2 消去再求乘积。

方法 1 的设计 思考过程及程序结构如图 5.11 所示,程序见程序 1。

```
{p 赋初值}
{10 个数累乘→p}➡For I=1 To 10
                    {输入整数 x}
                    {x 累乘到 p 上}
                Loop
{消去 p 中因子 2}➡Do While p 中还有因子 2
                    {消去 p 中一个因子 2}
                Loop
{输出 p}
```

图 5.11　程序结构与细化过程

程序 1

```
Private Sub Command1_Click()
    Dim I, x, p As Integer
    p=1
    For I=1 To 10
        x=CInt(InputBox("请输入一个整数"))
        p=p*x
    Next
    Do While (p Mod 2=0)
        p=p \ 2
    Loop
    Print "十个整数之积消去因子 2 后=" & p
End Sub
```

方法 2 的设计 由于 10 个数需要逐一处理(消元并被累乘),对"x 消元"做细化,得到图 5.12,细化至代码级得到程序 2。

程序 2

```
Private Sub Command1_Click()
    Dim I, x, p As Integer
```

```
{累乘器 p 置 1}
For I=1 To 10
    {输入整数→x}        Do While x 中还有因子 2
    {对 x 消元}    ➡    {消去 x 中的一个因子 2}
    {x 累乘至 p}        Loop
Next
{输出 p}
```

图 5.12　程序结构与细化过程

```
p=1
For I=1 To 10
    x=CInt(InputBox("请输入一个整数"))
    Do While (x Mod 2=0)
        x=x \ 2
    Loop
    p=p * x
Next
Print "十个整数之积消去因子 2 后=" & p
End Sub
```

　　分析两个程序的结构发现,第一种方法的程序是"并列循环结构",而第二种方法的程序是"嵌套循环结构"。我们在分析问题、细化问题时并未考虑这一结构特征,所以说程序结构是在分析问题中自然形成的,而非刻意追求。

要点

① 程序结构是在分析问题时自然形成的。

② 不同的编程思想产生不同的程序结构。如本例的两种编程思想,程序结构是不同的。

　　例 5.13　求输入的两个正整数 m,n 的最大公约数。

　　求最大公约数的最基本的方法是按定义来求解。m,n 的最大公约数是指能同时被 m,n 整除的最大的一个数,因此可以从 m,n 中较小的数开始向下试验,找到第一个同时被 m,n 整除的数后便退出循环。假如 m=12,n=18,则从 12 开始每次减 1 地作整除试验,12,11,10,…到 6 时出现了第一次同时被 12、18 整除的数 6,立刻退出循环,6 即为所求。

　　请按此方案,写出程序结构并细化到代码级,见图 5.13。

```
{输入 m,n}
{k=min(m,n)}    ➡ k=m
Do While True        If m>n Then k=n
    If m,n 同时整除 k Then 退出循环
                ➡ If (m Mod k=0 And n Mod k=0) Then Exit Do
    k= k- 1
Loop
{输出的 m,n 的最大公约数 k}
```

图 5.13　程序结构与细化过程

程序 1

```
Private Sub Command1_Click()
    Dim m, n, k As Integer
    m=CInt(InputBox("请输入 m"))
    n=CInt(InputBox("请输入 n"))
    k=m
    If m > n Then k=n
    Do While True
        If (m Mod k=0 And n Mod k=0) Then Exit Do
        k=k-1
    Loop
    Print k
End Sub
```

辗转相除法求最大公约数

欧几里德提出了一种求两个数的最大公约数的快速方法——辗转相除法,我们通过一个由图 5.14 表述的例子来介绍,求 27、36 的最大公约数。

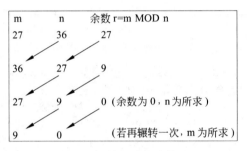

图 5.14　辗转相除法计算过程

该方法实际上也在 m,n 及余数 r 之间作状态传递,直至余数 r 为 0,由于余数 r 是起控制作用的量,至少要计算一次 r,为此我们选择 Do…Loop While 循环结构。

程序 2

```
Private Sub Command4_Click()
    Dim m, n, r As Integer
    m=CInt(InputBox("请输入 m"))
    n=CInt(InputBox("请输入 n"))
    Do
        r=m Mod n: m=n: n=r
    Loop While r <> 0
    Print m
End Sub
```

要点

① 寻找满足要求的第一个数(肯定存在)的问题,用死循环结合 Exit Do 的条件中止方法很有效。(程序 1)

② 记住欧几里德求最大公约数的辗转相除方法（又称欧氏算法）。

例 5.14 求 2~n 中的所有素数，n 由键盘输入。

在输入了 n 后，程序应对从 2~n 的所有整数进行是否素数的判断，若是则输出该数，从而程序基本结构应当是 For…Next 循环，循环控制计数器从 2~n，循环体中对循环变量作素数判断，如图 5.15 左部所示。

关键问题是如何判断 k 是否素数。程序的方法是用 2~k-1 中的每一个数与 k 作除法试验，只要有一次试验成功（能整除）就证明 k 非素数，而当所有试验均失败时，证明 k 是素数。这样将"整除试验"内容加入进去，细化出图 5.15 中部。问题是图中①、②两处如何处理？特别是②处，循环退出试验结束了，但我们还是无法判断 k 是否素数，原因就是在试验过程中没有留下标记。请看图 5.15 右部，注意 flg 的处理与作用。flg 就是一个标记，开始时假设 k 是素数，flg=1；试验中只要出现一次可以整除的情况即证明了 k 是非素数，将 flg 置标记 0。循环退出（试验结束）时，若 flg 仍为初始的 1，即证明整除情况未出现过（否则 flg 被改写为 0），也就是说 k 是素数。若 flg=0 则证明 k 非素数。

在这里 flg 称为标志变量，它记忆了试验中是否发生过"那样一种情况"，这种编程技术称为标志技术。

```
{输入 n}
For k=2 To n
    flg=1;
        {判 k 是否素数}    ➡ For i=2 To k-1 Then ➡ For k=2 To k-1 Then
        If k是素数 Then 打印 k    If k 被 i 整除 Then ①
                                         If k 被 i 整除 Then flg=0
                            Next                    Next
                            If ② Then 打印 k        If flg=1 Then 打印 k
}
```

图 5.15 程序结构与细化过程

程序

```
Private Sub Command1_Click()
    Dim n, k, i As Integer
    Dim flg As Boolean
    n=Cint(InputBox("请输入整数 n"))
    For k=2 To n                    '每次判断一个数 k 是否素数
        flg=True                    '标志 flg 初置,假设试验的一种结论:k是素数
        For i=2 To k-1              '除法试验的次数控制
            If (k Mod i=0) Then flg=False
                                    '试验成功,证明试验的另一种结论:k非素数
        Next
        If flg=True Then Print k   '试验完毕,标志中含有试验结论:
    Next
End Sub
```

要点

① 标志技术的使用。

凡问题具有这样的特征：进行多次试验，只要有一次成功（满足某一特定条件）即证明了问题的一种状态，而全部试验均不成功才证明了问题的另一种状态。可以确定该问题是属于标志问题，应使用标志技术。

② 标志技术的实现关键是标志变量的处理：试验前的置标志、试验中的改标志和试验后的判断标志。

5.3.2 利用 ADO 对象模型访问数据库

ADO（ActiveX Data Objects，ActiveX 数据对象）是目前最新、最流行的可编程数据访问对象模型，是数据访问接口，也是数据提供方与使用方的中介。没有合适的数据访问接口，应用程序就无法进入数据库，无法创建数据源，从而无法获取所要的数据，也无法对数据进行处理。

ADO 扩展了数据访问对象（DAO）和远程数据对象（RDO）所使用的对象模型，包含较少的对象，但包含更多的属性、方法和事件。

ADO 是基于微软的最新、最强大的数据访问接口 OLEDB 设计的。OLEDB 是一种通用数据访问概念，为任何类型的数据源提供高性能、统一的数据访问接口。它可以使用任何一种 OLEDB 数据源，既适合于 SQL server、Oracle 和 Access 等数据库，也适合于其他格式的文件，如 Excel 表格等，是一个便于使用的应用程序层接口。

1. ADO 对象模型概述

ADO 是一个对象模型，它是由一组相互独立的对象组成的。对象模型中的每个对象都具有各自的属性、方法、事件。通过使用 ADO 对象的属性、方法、事件，可以实现对数据库的增、删、改、查等操作。ADO 对象模型如图 5.16 所示。

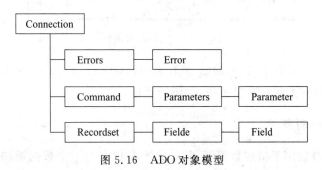

图 5.16　ADO 对象模型

ADO 对象模型由 Connection、Command、Recordset、Field、Error 和 Parameter 对象组成，这些对象之间是相互独立的，其中每个对象的功能为：

- Connection 对象负责建立与数据源的连接。
- Command 对象用于设置访问数据源、进行数据操作所需要的命令，如 SQL 语句、存储过程名等。

- Recordset 对象用于建立记录集和处理记录集中的记录。
- Field 对象对应记录集中的各个字段。
- Error 对象用于描述访问数据源时所发生的错误。
- Parameter 对象用来进行参数化查询。

应用 ADO 对象模型对数据库中的数据进行操作,主要通过编写程序代码实现。在应用程序中可以有如下操作:

- 用代码创建 ADO 对象模型中的对象。
- 用代码与数据库连接,创建数据源。
- 用代码执行相应的数据操作命令。

因此利用 ADO 对象模型实现数据库应用系统的开发是最灵活、最快速的。

在使用 ADO 对象模型编程之前,必须引用 ADO 对象模型,否则应用程序将无法使用 ADO 对象模型中的任何对象。其引用步骤如下:

(1) 打开一个工程。

(2) 在"工程"菜单中选择"引用"命令,打开"引用"对话框,如图 5.17 所示。

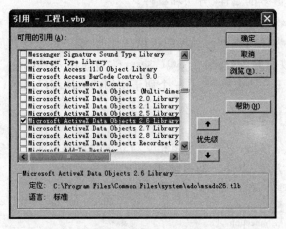

图 5.17 "引用"对话框

(3) 在"引用"对话框中选择"Microsoft Activex Data Objects 2.6 Library"选项。

(4) 单击对话框上的"确定"按钮,关闭对话框。

2. Connection 对象

Connection 对象用于指定数据源,其对象本身代表与一个数据源的开放连接。在对数据库操作之前,必须创建 Connection 对象,建立与数据源的连接,否则应用程序将无法对数据库进行任何操作。因此,Connection 对象是 ADO 对象模型的基础。使用 Connection 对象的属性、方法可以完成:

- 打开数据库,连接数据源。
- 执行一个数据库操作命令。
- 利用 Error 对象检查数据源返回的出错信息。

（1）Connection 对象的属性

Connection 对象的属性主要用于描述和配置与数据源的连接特性。因此，在创建一个 Connection 对象，建立与数据源的连接之前，必须设置其相关属性。

① ConnectionString 属性

ConnectionString 属性用于设置连接字符串，定义或返回连接到数据源的相关信息。该属性在连接建立之前是可以修改的，一旦连接建立好后，则为只读。

在应用中使用 ConnectionString 属性定义连接字符串的方法有多种，例如：

```
Dim con As ADODB.Connection              '对象变量的声明
Set con=New ADODB.Connection             '对象变量的创建
```
或者在对象变量定义的时候就创建该对象
```
Dim con As New ADODB.Connection
'使用 DSN (数据源名)描述数据源
con.ConnectionString= "dsn=test;uid=sa;pwd;" 或
   con.ConnectionString= "Provider=SQLOLEDB.1;Integrated " & _
            "Security=SSPI;Initial Catalog=银行贷款系统;Data Source= ."
```

② ConnectionTimeout 属性

ConnectionTimeout 属性设置建立连接所需要的等待时间。如果为 0，则表示无条件等待直到连接建立。默认值为 15 秒。

（2）Connection 对象的方法

① Open 方法

Open 方法用于打开连接，即真正地与数据源建立物理连接。

使用 ConnectionString 属性只是配置了与数据源的连接参数，并没有建立起真正的物理连接。只有在 ConnectionString 属性设置之后，使用 Open 方法才真正创建 Connection 对象，并意味着与数据源建立了物理连接。在此之后，才能对数据源的数据进行操作和处理。

Open 方法的语法如下：

```
Connection 对象名.Open ConnectionString, UserID, Password, Options
```

其中 ConnectionString 用于设置与数据源的连接信息，UserID 和 Password 表示用户名和密码，Options 是可选项，指定打开连接的方式。

例如：

```
Dim con As New ADODB.Connection
con.ConnectionString= "dsn=test;uid=sa;pwd;"
con.Open
```

或者写成：

```
Dim con As New ADODB.Connection
con.Open "dsn=test;UID=sa;Pwd;"
```

② Close 方法

Close 方法关闭一个打开的 Connection 对象。实质是断开与数据源的连接，并释放相关的系统资源。一般当对某个打开的 Connection 对象的操作完成之后，使用 Close 方法释放连接。但是，Close 方法仅仅关闭对象，并没有将其从内存中删除。因此，关闭之后仍可以使用 Open 方法再次打开。要将对象完全从内存中删除，必须使用"Set 对象名＝Nothing"语句，将对象变量设置为 Nothing。

Close 方法的语法如下：

```
Connection 对象名.Close
```

3. Recordset 对象

Recordset 对象代表记录集，表示一个基本表或 SQL 查询的结果集，是由记录(行)和字段(列)构成的。

Recordset 对象的主要功能是建立记录集，并支持对记录集中的数据进行各种操作，主要包括：

- 建立记录集。
- 确定要操作的记录集中的记录。
- 通过移动指针浏览记录。
- 对记录集记录进行增加、更改和删除操作。
- 根据查询条件查询满足条件的记录。
- 支持过滤器功能，在一个记录集中可以反复筛选记录，而不需要多次进行查询。
- 实现批量记录的更新。
- 通过更新记录更新数据源。

利用 ADO 技术开发数据库应用系统时，主要就是利用 Recordset 对象对数据源的数据进行操作和处理，所以 Recordse 对象是 ADO 对象模型的核心。另外，Recordset 对象支持记录集的多种游标类型和锁定类型，因而更适合服务器/客户端这种结构的数据库应用，从而可以较好地控制多用户对数据库的访问。

声明并创建 Recordset 对象的语句如下：

```
Dim rs As New ADODB.Recordset
```

一般而言，Recordset 对象的创建实质上是依赖 Connection 对象的。这是因为，只有在 Connection 对象创建之后，与数据源的物理连接才能建立，此时才能建立记录集。

(1) Recordset 对象的属性

① CursorType 属性

CursorType 属性用于设置游标类型，即控制对记录集的访问方式。不同游标类型决定了对记录集的不同访问、操作方式。CursorType 属性定义了四种不同的记录集游标类型。

- 静态游标(adOpenStatic)：支持记录集向前和向后的记录移动操作，但不能反映其他用户对数据库所做的增加、删除和修改等操作。当打开客户端 Recordset 对象时,adOpenStatic 为唯一允许的游标类型。

- 动态游标(adOpenDynamic):能够反映所有用户对数据库记录的所有操作,支持记录集向前和向后的记录移动操作。
- 仅向前游标(adOpenForwardOnly):默认值。仅支持记录集向前的记录移动操作,与静态游标类似。
- 键集游标(adOpenKeyset):介于静态和动态游标之间。禁止访问其他用户删除的记录,并禁止查看其他用户添加的记录,但是可以看见其他用户更改的数据。

② CursorLocation 属性

CursorLocation 属性用于设置游标引擎的位置。该属性的取值为:

- adUseClient:使用本地游标库提供的客户端游标。其特点是服务器将整个结果集传回给客户端,使网络负担重,但下载后的数据浏览速度快。
- adUseServer:默认值。使用数据源提供的服务器端游标。其特点是仅传送客户端需要的记录,使网络负担小,但服务器资源消耗大。不支持 Bookmark(书签)、AbsolutePosition 等属性。
- adUseNone :没有使用游标服务。

③ LockType 属性

LockType 属性设置多用户情况下记录集中记录的锁定方式,用于保证各用户间的操作互不干扰。该属性的取值为:

- adLockReadOnly:默认值。指定记录集中的记录为只读方式。在这种锁定方式下,不能向记录集进行添加、更改和删除操作。
- adLockPessimistic:悲观锁。保证用户能成功地编辑记录集中的记录,但是其他用户不可访问。通常在编辑记录时立即锁定数据源的记录。
- adLockOptimistic:乐观锁。只是在使用 Update 方法时,才锁定记录。
- adLockBatchOptimistic:如果使用批更新模式,则需要设为这种锁定方式。

④ ActiveConnection 属性

ActiveConnection 属性用于指定创建的 Recordset 对象所属的 Connection 对象。在应用中可能同时打开多个与不同数据源的连接,创建多个 Connection 对象,每个连接上可能建立各自的记录集。此时需要通过 ActiveConnection 属性设定某个 Recordset 对象与它所属的 Connection 对象之间的关联。例如:

```
rs.ActiveConnection=con1    '设置 Recordset 对象 rs 属于 Connection 对象 con1
```

⑤ Source 属性

Source 属性设置 Recordset 对象(记录集)中数据的来源。该属性值可以是 SQL 语句、表名、存储过程或 Command 对象。

⑥ BookMark 属性

BookMark 属性用于设置书签,即返回记录集当前记录的所在位置。在打开 Recordset 对象时,记录集中的每个记录都有唯一的书签,指明其在记录集中的位置。

在应用中使用书签可以实现当前记录的快速再定位。若要使用记录的书签,首先将

BookMark 属性值赋给一个变体(Variant)型变量保存,将记录指针移动到其他记录后,则将指针快速移回原记录,从而实现当前记录的快速再定位,语句如下:

```
Dim myBookMark as Variant          '定义一个变体类型的变量
myBookMark=rs.BookMark             '在当前记录上做标记
rs.BookMark=myBookMark             '记录指针指向做标记的记录
```

在使用书签时必须注意,书签只能在支持书签功能的 Recordset 对象中使用。即当记录集游标的 CursorLocation 属性设置为 adUseClient 时,可以使用书签功能。

⑦ Filter 属性

Filter 属性用于过滤 Recordset 对象中的记录,即根据条件有选择地打开 Recordset 对象,而不是整个记录集。

设置 Recordset 对象的 Filter 属性之后,可以对 Recordset 对象被过滤的内容进行浏览和编辑操作,当操作完成之后,又能够返回原来的 Recordset 对象。

语句格式为:

Recordset 对象名.Filter=过滤条件表达式

其中"过滤条件表达式"是一个字符串,其格式为:"字段名 关系运算符 过滤条件值"。

过滤条件字符串应包含以下内容:
* 有效字段名
* 有效比较符($>$, $<$, $<=$, $>=$, $<>$, $=$, LIKE)
* 条件值,字符串('' '),日期(♯),LIKE(%, *)
* 使用 AND,OR 连接子句(可选)

例如:

```
rs.Filter="ProductID>30  and  ProductID<50"
rs.Filter="ProductName  LIKE 'computer*'"
```

从 Recordset 对象的过滤集返回 Recordset 对象(原记录集)使用语句:

Recordset 对象名.Filter=adFilterNone

例如:

```
rs.Filter=adFilterNone
```

⑧ RecordCount 属性

RecordCount 属性返回当前记录集的记录总数。语句格式为:

Recordset 名.RecordCount

⑨ AbsolutePosition 属性

AbsolutePosition 属性返回当前记录在记录集中的确切位置序号,即当前记录是记录集的第几条记录,序号从 1 开始计数。语句格式为:

Recordset 名.AbsolutePosition

⑩ EOF 和 BOF 属性

EOF 属性是一个标记,当记录集的当前记录指针位于记录集的最后一个记录之后时,EOF 属性为 True(否则为 False),表明此时当前记录指针已到达记录集的尾端,当前记录指针不能再向下(或向后)移动,若要移动,则出现错误。

BOF 属性是一个标记,当记录集的当前记录指针位于记录集的第一个记录之前时,BOF 属性为 True(否则为 False),表明此时当前记录指针已到达记录集的最前端,当前记录指针不能再向上(或向前)移动,若要移动,则出现错误。语句格式为:

Recordset 对象名.EOF
Recordset 对象名.BOF

(2) Recordset 对象的方法

Recordset 对象的方法用于操作记录集中的数据,包括浏览、添加、更改、删除等操作。

① Move 方法组

浏览是经常要进行的数据操作,通过浏览可以确定要修改或删除的记录。Move 方法组就是实现浏览记录集中数据的有力工具。

Recordset 对象有四种移动方法。

MoveFirst 方法:移动记录集的当前记录指针,使之指向记录集中的第一条记录。

MoveLast 方法:移动记录集的当前记录指针,使之指向记录集中的最末一条记录。

MoveNext 方法:移动记录集的当前记录指针,使之指向记录集当前记录的下一条记录。

MovePrevious 方法:移动记录集的当前记录指针,使之指向记录集当前记录的上一条记录。

注意,MoveNext 和 MovePrevious 方法不能自动检查是否到了记录集的上下界(即 BOF 和 EOF 标志),如果不在程序代码中加以控制而继续移动的话,则会导致越界错误。因此,用 MoveNext 和 MovePrevious 方法实现的记录指针移动操作,必须通过编写相应的代码进行控制。

另外必须注意,如果记录集游标类型为 ForwardOnly(仅向前游标),则不能使用 MoveFirst 和 MovePrevious 方法。

② AddNew 方法

AddNew 方法用于在记录集中增加一个新记录。

AddNew 方法仅仅在内存缓冲区中产生一条新记录,初始值为空,允许输入。只有当使用 Update 方法后或进行记录指针的移动操作后,新记录才被放入记录集,同时,新记录也被写入数据库中。AddNew 方法的语句格式如下:

Recordset 对象名.AddNew[字段列表], [字段值]

其中,"字段列表"为可选项,以列表形式描述新记录的各个字段名;"字段值"也是可选项,设置新记录中字段的取值,要求字段值与字段列表一一对应。

③ Update 方法

Update 方法将缓冲区中的记录真正写入记录集中。添加新记录或对记录修改后,该方法使添加新记录或修改记录操作生效。Update 方法的语句格式如下:

Recordset 对象名. Update [字段列表], [字段值]

其中,"字段列表"为可选项,以列表形式描述记录的各个字段名;"字段值"也是可选项,设置记录中字段的取值,要求字段值与字段列表一一对应。

④ Delete 方法

Delete 方法删除记录集的当前记录或指定的一条记录或记录组,删除后不可恢复。因此在删除前,应该警告用户确认删除操作,以免造成不必要的损失。Delete 方法的语句格式如下:

Recordset 对象名. Delete AffectRecords

其中,参数 AffectRecords 确定 Delete 方法的操作范围,AffectRecords 的取值如下:

adAffectCurrent:默认值。表示仅删除当前记录。

adAffectGroup:删除满足 Filter 属性设定条件的所有记录。

adAffectAll:删除记录集中所有记录。

⑤ CancelUpdate 方法

CancelUpdate 方法取消在调用 Update 方法之前对当前记录或新记录所做的任何更改。但是,调用 Update 方法之后,CancelUpdate 方法不能撤销对当前记录或新记录的更改。另外,如果没有修改当前记录或添加新记录,调用 CancelUpdate 方法将产生错误。CancelUpdate 方法的语句格式如下:

Recordset 对象名. CancelUpdate

⑥ Open 方法

Open 方法用于创建 Recordset 对象。

利用 Recordset 对象的属性对记录集进行描述之后,如游标类型、游标位置、记录集锁定方式、数据来源等,必须使用 Open 方法才能真正从物理上建立记录集。在此之后才能对记录集中的数据进行操作。Open 方法的语句格式如下:

Recordset 对象名. Open Source,ActiveConnection,CursorType,LockType,Options

其中,参数 Source、ActiveConnection、CursorType 和 LockType 分别对应 Recordset 对象的 Source 属性、ActiveConnection 属性、CursorType 和 LockType 属性。Options 参数用于设定 Source 参数的命令类型(CommandType 属性),即生成数据源的操作方式。有 4 种取值,如表 5.1。

Open 方法的 5 个参数都是可选项,如果不选,则在使用 Open 方法打开 Recordset 对象(记录集)之前,必须对相关属性赋值。如果选择参数,各参数之间必须用逗号分隔。如果前面几个参数值未选,其位置必须用逗号保留,如下例。

表 5.1　Recordset 对象的 Options 参数的取值

属 性 值	描 述
adCmdUnknown	默认值。CommandText 属性中的命令类型未知。
adCmdTable	结果集来源于完整的表。
adCmdText	结果集由 Select 语句决定。
adCmdStoreProc	结果集由存储过程决定。

使用 Recordset 对象的 Open 方法举例：

```
Dim con As New ADODB.Connection
Dim rs As New ADODB.Recordset
con.ConnectionString= "dsn=vbtest;UID=sa;Pwd;"
con.Open
rs.ActiveConnection=con
rs.CursorType=adOpenStatic
rs.CursorLocation=adUseClient
rs.LockType=adLockOptimistic
rs.Source= "User"
rs.Open
```

上列也可以写成：

```
Dim con As New ADODB.Connection
Dim rs As New ADODB.Recordset
con.Open "dsn=vbtest;UID=sa;Pwd;"
rs.CursorLocation=adUseClient
rs.Open "User", con, adOpenStatic, adLockOptimistic, adCmdTable
```

⑦ Close 方法

Close 方法用于关闭 Recordset 对象。语句格式为：

```
Recordset 对象名.Close
```

一般当对某个打开的 Recordset 对象的操作完成之后，使用 Close 方法释放。但是 Close 方法仅仅关闭对象，并没有将其从内存中删除。因此，关闭之后仍可以使用 Open 方法再次打开。要将对象完全从内存中删除，必须使用"Set 对象名＝Nothing"语句，将对象变量设置为 Nothing 。

⑧ Find 方法

Find 方法用于在记录集中查找满足查找条件的第一条记录。语句格式为：

```
Recordset 对象名.Find Criteria, [SkipRows], [SearchDirectionl, [Start]
```

其中，Criteria 参数为必选参数，用于指定查找条件，查找条件表达式的构造与 Filter 属性的过滤条件表达式相同。SkipRows 参数为可选项，用于指定从起始位置跳过多少记录开始查找。SearchDirection 参数为可选项，指定查找方向，向前或向后查找。Start 参数为可选项，指定查找操作的起始位置。

查找前提是 BOF 和 EOF 标记不能为 True,即当前记录指针不在记录集的 EOF 或 BOF 标记上。若查找成功,则记录集当前记录指针指向满足查找条件的记录;若查找失败,则 BOF 或 EOF 为 True,即当前记录指针停在记录集的 EOF 或 BOF 标记上。

5.4 实现步骤

1. 准备数据源

本例中所使用的数据源是 Microsoft SQL Server 中的数据库银行贷款系统。该数据库由 UserT、LegalEntity、Loan、Repayment 表组成。

为了实现与数据源的连接,添加一个系统 DSN,命名为 vb。构造系统 DSN 的方法如下:

① 在"开始"菜单中选择"控制面板",然后选择"管理工具",选择"数据源(ODBC)",打开"ODBC 数据源管理器",如图 5.18 所示。

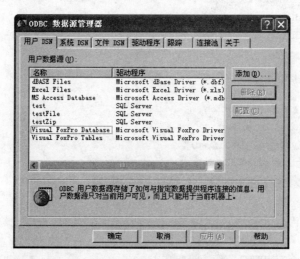

图 5.18 "ODBC 数据源管理器"

② 在"ODBC 数据源管理器"中选择系统 DSN 面板,单击右侧的"添加…"按钮,打开如图 5.19 所示的选择"数据源驱动程序"对话框,数据库建立在 SQL Server 2008 中,因此驱动程序选择"SQL Serve Native Client 10.0",单击"完成"按钮。

③ 进入"创建到 SQL Server 中的新数据源"对话框,如图 5.20 所示。数据源的名称取为"vb",服务器为".",表示本地服务器,或在下拉列表中选择服务器名。单击"下一步"。在接下来的对话框中取默认值,单击"下一步"。

④ 如图 5.21 所示,选中"更改默认的数据库",在下拉列表中选择"银行贷款系统"数据库,单击"下一步"。下一个对话框去默认值,单击"下一步"。

⑤ 进入如图 5.22 所示的"ODBC Microsoft SQL Server 安装"对话框,可单击"测试数据源…"测试是否成功连接数据库,如果成功,单击"确定",此时系统数据源中新增"vb"项。

图 5.19 "选择数据源驱动程序"对话框

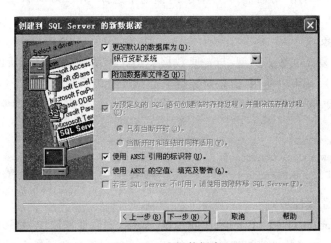

图 5.20 "创建到 SQL Server 中的新数据源"

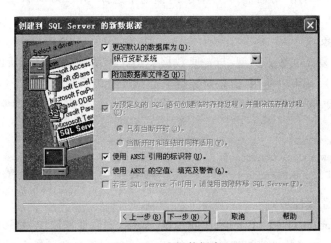

图 5.21 选择数据库

图 5.22　ODBC Microsoft SQL Server 安装

2. 连接数据库生成记录集

程序一运行起来就应该连接好数据库并且生成记录集，用户在登录界面单击组合框右边的三角，在下拉列表中应已添加用户名。因此步骤 2"连接数据库生成记录集"和步骤 3"在组合框中添加用户列表"的代码都应放在"登录系统"窗体 frmLogin 的 Form_Load 事件过程中。

（1）设计界面

与"效果及功能"中的图 5.1 一样，设计好窗体 frmLogin 的图形界面，再在工程中添加一个窗体，名称属性设置为 frmSystem。

（2）引用 ADO 对象模型

首先应向工程引用 ADO 对象模型，方法是打开一个新的工程，在"工程"菜单中选择"引用"命令，打开"引用"对话框，在"引用"对话框中选择"Microsoft Activex Data Objects 2.6 Library"选项，单击对话框上的"确定"按钮，关闭对话框。

（3）创建对象

对象是一种复杂的数据类型，与普通数据类型在声明和使用时有所区别。普通类型的变量在声明之后就可以使用，但是对象变量必须经过声明和创建两个过程，然后才能使用（空对象不可使用）。应声明和创建 Connection 和 Recordset 两个对象，其中声明和创建可以简化为：

```
Dim con As New ADODB.Connection        '声明并创建 Connection 对象
Dim rs As New ADODB.Recordset          '声明并创建 Recordset 对象
```

（4）设置对象属性

设置 Connection 对象的 ConnectionString 属性，该属性可以作为 Connection 对象的 Open 方法的第一个参数进行设置。然后使用 Connection 对象的 Open 方法真正打开与数据库的物理连接，语句如下：

```
con.Open "dsn=vb;UID=sa;Pwd;"
```

设置 Recordset 对象的 Source、ActiveConnection、CursorLocation、CursorType、LockType 和 Options 属性,然后使用 Recordset 对象的 Open 方法生成记录集。其中 Source、ActiveConnection、CursorType、LockType 和 Options 属性可以作为 Recordset 对象的 Open 方法的参数进行设置,这里把数据库的 UserT 表作为记录集,因此 Source 属性为"UserT"。

```
rs.CursorLocation=adUseClient
rs.Open "UserT", con, adOpenStatic, adLockOptimistic, adCmdTable
```

这样整张 UserT 表作为记录集放在内存中供前端应用程序使用。

3. 在组合框中添加用户列表

如上分析,程序一运行起来,组合框的下拉列表中就应添加了所有用户名,因此完成这一功能的代码应放在 Form_Load 事件过程中,而如何实现此功能是重点问题。

一开始组合框的下拉列表应是空的,如果不空可以调用组合框的 Clear 方法清空,语句格式为:

```
Combo1.Clear
```

程序需要把 User 表中的所有用户名添加到组合框的下拉列表中,从而要遍历一遍记录集中的所有记录,因此总的框架是循环。循环的入口状态为记录指针指向第一条记录,循环的条件是记录指针指向记录集中的有效记录,即 Recordset 对象的 EOF 属性为 False,循环体是把当前记录的用户名添加到组合框的下拉列表中,因此可以写出程序,如图 5.23 所示。

```
rs.MoveFirst
Do While rs.EOF=False
    {1.在组合框中添加当前用户名}➡
    {2.记录指针向下移动}         ➡ rs.MoveNext
Loop
```

图 5.23　程序结构及细化过程

把当前记录的用户名添加到组合框的下拉列表中很容易实现,代码为:Combo1. AddItem rs("UName")。但读者应考虑一个问题,在 UserT 表中用户号 UID 是主码,用户名 UName 不是主码,因此有可能存在相同的用户名。如果仅使用上面一条语句添加用户名,组合框的下拉列表就可能会出现重复的用户名,这在实际的应用程序中是不允许的,因此请考虑在添加用户名时如何实现"去重"这一功能,使得组合框的下拉列表中的用户名都是唯一的。

其实现方法分为两步:第一步是先判断在组合框的下拉列表中是否已存在此用户名;第二步根据判断的结果决定是否添加。因为第二步需要第一步的结果,因此在第一步应给出判断的标记,这里设置一个布尔类型的变量 flg,在判断前赋值 True,表示列表中没有当前用户名,在第一步中,如果列表中存在某个项目与当前记录的用户名相同,则 flg 值置为 False。第二步中如果 flg 为 True,表示列表中没有项目与当前用户名相同,则添加当前用户名。

其中第一步,应把当前用户名与组合框下拉列表中的所有用户进行比较,因此问题是循环的。组合框的下拉列表的项目数记录在 ListCount 属性中,因此已预知比较的次数,使用计数型循环 For…Next。要取出组合框中的所有选项涉及数组,数组的知识请参考第 7 章的基础知识部分。程序框架如图 5.24 所示。

```
①For i=0 To Combo1.ListCount -1
        {当前记录的用户名与组合框列表中的第 i 个项目比较,相等则做好标记}
   Next
②If flg=True Then Combo1.AddItem rs("UserName")
```

图 5.24　程序框架图

程序细化后代码如下:

```
flg=True
For i=0 To Combo1.ListCount-1
        If Combo1.List(i)=rs("UserName") Then
                flg=False
                Exit For
        End If
Next
If flg=True And Not IsNull(rs("UserName")) Then      '不添加空项
        Combo1.AddItem rs("UserName")
End If
```

综上所述,加上连接数据库生成记录集和变量的定义,Form_Load 事件过程的完整代码如下:

```
Private Sub Form_Load()
    Dim con As New ADODB.Connection
    Dim rs As New ADODB.Recordset                    '定义为模块级变量
    con.Open "dsn=vb"                                '数据库用户名和密码
    rs.CursorLocation=adUseClient
    rs.Open "UserT", con, adOpenStatic, adLockOptimistic
    Dim i As Integer
    Dim flg As Boolean
    rs.MoveFirst
    Combo1.Clear
    Do While rs.EOF=False
        flg=True
        For i=0 To Combo1.ListCount-1
            If Combo1.List(i)=rs("UName") Then flg=False: Exit For
        Next
```

```
            If flg=True And Not IsNull(rs("UName")) Then
                Combo1.AddItem rs("UName")
            End If
            rs.MoveNext
        Loop
        rs.MoveFirst
End Sub
```

4. 验证密码

用户在组合框中选择用户名,在密码框中输入密码,然后单击"登录"按钮,验证输入的密码是否正确。密码存放在数据库中,因此需要改写 cmdLogin_Click 事件过程。验证密码的过程需要遍历记录集中的所有记录,因此是循环结构,循环体是把当前记录的用户名与组合框 Combo1 的 Text 属性进行比较。如果相等,则比较密码,因此验证密码的代码在上一章的基础上改为:

程序 1

```
Private Sub cmdLogin_Click()
    Static num As Integer
    Dim flg As Boolean
    If txtPassword.Text="" Then
        MsgBox "请输入密码!", vbExclamation, "提示"
        txtPassword.SetFocus
    Else
        rs.MoveFirst
        flg=False
        Do While rs.EOF=False
            If rs("UName")=Combo1.Text Then
                If rs("UPassword")=txtPassword.Text Then
                    flg=True
                    Exit Do
                End If
            End If
            rs.MoveNext
        Loop
        Rs.MoveFirst
        If flg=True Then
            frmLogin.Hide
            frmSystem.Show
        Else
            num=num+1
            MsgBox "密码错误!", vbExclamation, "提示"
            If num=3 Then End
```

```
                End If
            End If
    End Sub
```

以上方法中，把数据库中的 UserT 表作为记录集，则 Recordset 对象的 Source 属性为"UserT"。还有一种方法，可以通过 SQL 语句生成记录集，该方法程序流程较简单，代码如下，请读者自行阅读分析。

程序 2

```
Public con As New ADODB.Connection
Private Sub Form_Load()
    Dim rs As New ADODB.Recordset
    Dim sql as String
    con.Open "dsn=vb"
    rs.CursorLocation=adUseClient
    sql="Select UName from UserT"
    rs.Open sql, con, adOpenStatic, adLockOptimistic, adCmdText
    Dim i, j As Integer
    Dim flg As Boolean
    For i=1 To rs.RecordCount
        flg=True
        For j=0 To Combo1.ListCount-1
            If Combo1.List(j)=rs("UName") Then flg=False: Exit For
        Next
        If flg=True And Not IsNull(rs("UName")) Then
            Combo1.AddItem rs("UName")
        End If
    rs.MoveNext
    Next
End Sub


Private Sub cmdLogin_Click()
    Static num As Integer
    Dim sql As String
    Dim rs As New ADODB.Recordset
    If txtPassword.Text="" Then
        MsgBox "请输入密码!", vbExclamation, "密码"
        txtPassword.SetFocus
    Else
    sql="select UPassword from UserT where UName='" & Combo1.Text & "'"
        rs.Open sql, con, adOpenStatic, adLockOptimistic, adCmdText
        If rs("UPassword")=txtPassword.Text Then
            frmLogin.Hide
```

```
            frmSystem.Show
        Else
            num= num+ 1
            MsgBox "密码错误!", vbExclamation, "提示"
            If num= 3 Then End
        End If
End Sub


Private Sub cmdCancel_Click()
     End
End Sub
```

第6章 系统主界面设计

本章的教学目标:

- 掌握加载工具箱中没有的控件的方法;
- 了解通用对话框的使用方法;
- 理解 MDI 多窗体设计的方法。

6.1 目标任务

利用 VB 的 ActiveX 控件为银行贷款系统设计主界面,主界面包括菜单栏、状态栏等。

6.2 效果及功能

本程序的外观效果及其所具有的功能如下:

(1) 用户在登录界面选择用户名,输入的密码正确后,进入系统主界面,即 frmSystem 界面,如图 6.1 所示。

图 6.1 系统主界面

(2) 单击菜单项时,将会看到它们的子菜单项。图 6.2 给出的是菜单"基本资料"的子菜单项。

图 6.2　基本资料的子菜单

（3）主界面最下面是状态栏，其中第一个框架显示系统日期、第二个框架显示系统时间、第三个框架显示当前登录用户名。

6.3　基础知识

6.3.1　通用对话框

用户对 Windows 的标准对话框都非常熟悉。它们不但使用方便、接口友好，而且为用户提供了功能强大的交互式对话功能。通用对话框 CommonDialog 是一个常用的 ActiveX 控件，它提供了一组标准的 Windows 操作对话框，可以进行一系列操作，如打开、保存文件，设置打印选项，选择颜色和字体等。

1. 控件的加载

（1）什么是 ActiveX 控件

控件是包括在窗体对象中的图形化了的对象，是预先定义好的，在程序中可以直接调用，控件在 VB 程序设计中扮演重要角色。合理恰当地使用控件可以使程序接口更美观，用户操作更方便，对程序的控制、运行效率及程序的稳定性有十分重要的意义。VB 中的控件有三类：内部控件、ActiveX 控件和可插入对象。这里主要介绍 ActiveX 控件。

ActiveX 控件是 VB 内部控件的扩充。Activex 控件保存在以 . OCX 为扩展名的控件文件中，它保留了一些用户熟悉的属性、事件和方法。使用方法和前面讲述的内部控件的使用基本相同。ActiveX 控件不直接显示在 VB 的工具箱中，需要手工添加，用户可以使用 VB 提供的 ActiveX 控件，也可以从第三方获取控件或自己开发需要的控件。

（2）加载 ActiveX 控件

在使用 VB 编程时，用户可以像使用内部控件一样使用系统自带的 ActiveX 控件、第三方控件或自定义用户控件。只有将 ActiveX 控件添加到 VB 工具箱中，才可在工程中使用它们。添加的方法如下：

① 打开一个工程。

② 在"工程"菜单中选择"部件"命令；或者在工具箱中右击，从快捷菜单中选择"部件"命令，打开"部件"对话框，如图 6.3 所示。

③ "部件"对话框中列出了所有已经注册的 ActiveX 控件、设计器和对象。在"控件"

对话框中选择"Microsoft Common Dialog Control 6.0"选项,如图6.3所示。

④ 单击"确定"或"应用"按钮。选定的控件会显示在工具箱中,如图6.4所示。

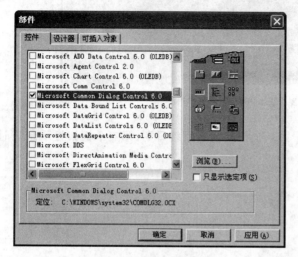

图6.3 "部件"对话框

图6.4 工具箱中的 CommonDialog 控件

2. 通用对话框

在应用程序中经常进行打开文件、保存文件、设置对象的颜色、设置正文的字体、设置打印机及获取帮助等操作,这些操作都需要提供相应的对话框实现应用系统与用户的交互。VB提供了一个"通用对话框"(CommonDialog)控件用于实现上述操作。

(1) "打开"对话框

在应用程序中,使用"打开"对话框打开欲操作的文件。在"打开"对话框中可以选择驱动器、文件夹、文件类型及文件名。"打开"对话框如图6.5所示。

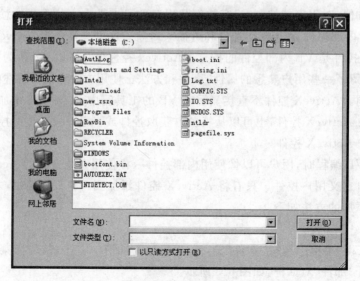

图6.5 "打开"对话框

"打开"对话框的相关属性如表 6.1 所示。

表 6.1 "打开"对话框的相关属性

属性名称	属 性 含 义
DialogTitle	设置对话框的标题,默认值为"打开"。
FileName	设置初始时对话框的"文件名"输入框中的默认值,并返回用户在对话框中选择的文件名。
InitDir	设置初始的文件目录,并返回用户在对话框中选择的文件目录。若不设置该属性,则默认为当前目录。
Filter	设置在对话框中显示的文件类型。
FilterIndex	设置默认的文件过滤器。属性值为整数,表示 Filter 属性中各个值的序号。
MaxFileSize	设置被打开文件的最大长度,取值范围为 1~2K,默认值为 260。
Flag	设置对话框的选项。

使用"打开"对话框的步骤:

① 在窗体上放置"通用对话框"控件。

② 在"通用对话框"控件上单击鼠标右键,在弹出的菜单中选择"属性"命令,打开"属性页"对话框,如图 6.6 所示。

图 6.6 "打开/另存为"属性页对话框

③ 在"属性页"对话框中,单击"打开/另存为"标签,打开"打开/另存为"选项卡。

④ 在"打开/另存为"选项卡中设置相关属性。

⑤ 在过程代码中,使用 CommonDialog 控件的 ShowOpen 方法来显示"打开"对话框,语句格式为:

通用对话框名.ShowOpen

(2)"另存为"对话框

在应用程序中,使用"另存为"对话框保存文件。在"另存为"对话框中可以选择驱动器、文件夹、文件类型及文件名。"另存为"对话框如图 6.7 所示。

"另存为"对话框的相关属性与"打开"对话框的属性及含义相同,请参见上一小节。

图 6.7 "另存为"对话框

使用"另存为"对话框的步骤：

①～③与使用"打开"对话框的步骤相同。

④ 在"打开/另存为"选项卡中设置相关属性。

⑤ 在过程代码中,使用 CommonDialog 控件的 ShowSave 方法来显示"另存为"对话框,语句格式为：

通用对话框名.ShowSave

（3）"字体"对话框

"字体"对话框用于设置并返回所用字体的名字、样式、大小、效果和颜色等,如图 6.8 所示。

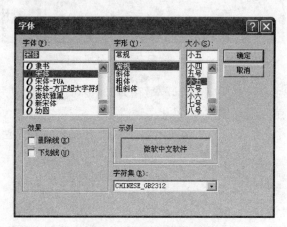

图 6.8 "字体"对话框

"字体"对话框的相关属性如表 6.2 所示。

表 6.2 "字体"对话框的相关属性

属性名称	属 性 含 义
FontName	设置初始字体,并返回用户在"字体"对话框中选择的字体的名称。
FontSize	设置字体的初始大小,并返回用户在"字体"对话框中选择的字体的大小。
Max 和 Min	设置"字体"对话框中的字体大小的取值范围,最大值和最小值。
FontBold	设置所显示的字体是否选择粗体。
FontItalic	设置所显示的字体是否选择斜体。
FontUnderline	设置所显示的字体是否选择下划线。
FontStrikethru	设置所显示的字体是否选择删除线。
Flag	设置对话框选项。对于"字体"对话框,该属性必须设置,如图 6.9 所示。取值包括:1(cdlCFScreenFonts):表示使用屏幕字体;2(cdlCFPrinterFonts):表示使用打印机字体;3(cdlFonts):表示既可以使用屏幕字体,也可以使用打印机字体;256(cdlCFEffects):表示在对话框中将出现颜色、效果选项等。

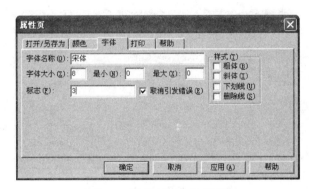

图 6.9 "字体"属性页对话框

使用"字体"对话框的步骤与使用"打开"对话框相似,在过程代码中使用的语句格式为:

通用对话框名.ShowFont

(4)"颜色"对话框

"颜色"对话框用来在调色板中选择颜色,或者允许用户利用调色板自定义颜色。"颜色"对话框如图 6.10 所示。

"颜色"对话框的相关属性如表 6.3 所示。

表 6.3 "颜色"对话框的相关属性

属性名称	属 性 含 义
Color	设置初始颜色,并且可以返回用户在"颜色"对话框中选择的颜色值。
Flag	设置对话框选项。

使用"颜色"对话框的步骤与使用"打开"对话框相似。"颜色"属性页对话框如

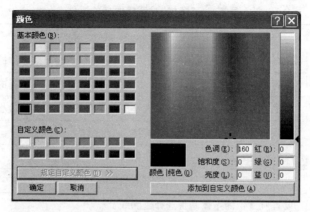

图 6.10 "颜色"对话框

图 6.11 所示,在过程代码中使用的语句格式为:

通用对话框名.ShowColor

图 6.11 "颜色"属性页对话框

（5）"打印"对话框

"打印"对话框可以设置文件打印输出的方法,如打印范围、打印份数等属性,如图 6.12 所示。

"打印"对话框的相关属性如表 6.4 所示。

表 6.4 "打印"对话框的相关属性

属性名称	属 性 含 义	属性名称	属 性 含 义
Copise	设置并保存打印的份数。	Max 和 Min	设置此次要打印的最小页数或最大页数。
FromPage	指定要打印的起始页的序号。	Orientation	设置是纵向或横向打印模式。
ToPage	指定要打印的终止页的序号。	Flag	设置对话框的选项。

使用"打印"对话框的步骤与使用"打开"对话框相似。"打印"属性页对话框如图 6.13 所示,在过程代码中使用的语句格式为:

图 6.12 "打印"对话框

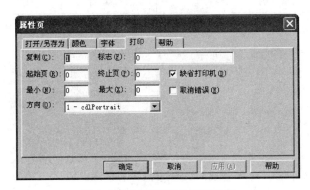

图 6.13 "打印"属性页对话框

通用对话框名.ShowPrinter

例 6.1 用公共对话框实现一个简易写字板。该写字板具有打开文件,保存文件,改变文本的字体、大小、颜色、样式,改变文本框背景色等功能。特别说明:该写字板只能对扩展名为.txt 的文件(即文本文件)进行操作。

设计步骤:

(1) 界面设计。

① 在窗体上放置一个带滚动条的文本框控件,用于编辑文本文件。

② 在窗体上放置两个公共对话框(CommonDialog)控件。一个用于设置"打开"对话框、"字体"对话框和"颜色"对话框;另一个用于设置"另存为"对话框。注意:公共对话框(CommonDialog)控件必须按照本章 6.3.1 小节中的方法,将其添加到"工具箱"之后才能使用。

③ 在窗体上放置 5 个命令按钮控件,分别启动打开文件、保存文件、设置字体、设置颜色和退出操作。

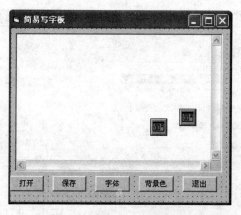

图 6.14 例 6.1 的界面设计

交互界面设计如图 6.14 所示,窗体及控件设置如表 6.5 所示。

表 6.5 例 6.1 的窗体及控件设置

对 象 名	属 性 名	属 性 取 值
窗体 1	名称(Name)	Form1
	Caption	简易写字板
CommonDialog1("打开/另存为"选项卡)	名称(Name)	dlgCommon
	对话框标题	打开
	初始化路径	D:\
	标志	259
("颜色"选项卡)	标志	259
("字体"选项卡)	字体名称	宋体
	标志	259
CommonDialog2("打开/另存为"选项卡)	名称(Name)	dlgSave
	对话框标题	保存
	初始化路径	D:\
文本框 1	Text	置空
	MultiLine	True
	ScrollBars	3
命令按钮 1	名称(Name)	cmdOpen
	Caption	打开
命令按钮 2	名称(Name)	cmdSave
	Caption	保存
命令按钮 3	名称(Name)	cmdFont
	Caption	字体
命令按钮 4	名称(Name)	cmdColor
	Caption	背景色
命令按钮 5	名称(Name)	cmdExit
	Caption	退出

(2)编写过程代码如下:

```
Private Sub cmdOpen_Click()
```

```
        Dim strFilename As String
        Dim strLine As String
        dlgCommon.Filter="所有文件(*.*)|*.*"
        dlgCommon.FilterIndex=1
        dlgCommon.ShowOpen
        strFilename=dlgCommon.FileName
        If strFilename <> "" Then
            Open strFilename For Input As # 1
            Do While Not EOF(1)
                Line Input # 1, strLine
                Text1.Text=Text1.Text+strLine+Chr(13)+Chr(10)
            Loop
            Close # 1
        End If
End Sub


Private Sub cmdSave_Click()
        Dim strFilename As String
        dlgSave.Filter="文本文件(*.*)|*.*"
        dlgSave.FilterIndex=1
        dlgSave.ShowSave
        strFilename=dlgSave.FileName
        If strFilename <> "" Then
            Open strFilename For Output As #1
            Print #1, Text1.Text
            Close #1
        End If
End Sub


Private Sub cmdFont_Click()
        dlgCommon.ShowFont
        Text1.FontName=dlgCommon.FontName
        Text1.FontSize=dlgCommon.FontSize
        Text1.FontBold=dlgCommon.FontBold
        Text1.FontItalic=dlgCommon.FontItalic
        Text1.FontUnderline=dlgCommon.FontUnderline
        Text1.FontStrikethru=dlgCommon.FontStrikethru
End Sub


Private Sub cmdColor_Click()
        dlgCommon.ShowColor
        Text1.BackColor=dlgCommon.Color
End Sub
```

```
Private Sub cmdExit_Click()
    End
End Sub
```

（3）保存工程。

（4）运行工程。单击窗体上的"打开"按钮，立即弹出一个"打开"对话框。在"打开"对话框中选择或输入一个文本（*.txt）文件后，单击对话框上的"打开"按钮，则立即在窗体的文本框中显示该文件。然后单击窗体上的其他按钮做相应的操作，运行结果如图6.15所示。

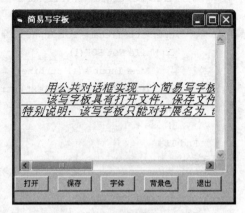

图 6.15　例 6.1 的运行结果

6.3.2　MDI 多窗体设计

1. 多窗体界面

多窗体界面由父窗体和子窗体组成。父窗体也称为 MDI 窗体，是子窗体的容器。多窗体界面允许用户同时打开多个窗体，并可在不同窗体间快速切换。所有子窗体具有相同的功能，且所有子窗体都包含在 MDI 窗体中。多窗体界面的主要特性如下：

（1）所有子窗体均显示在 MDI 窗体的工作区中。用户可改变、移动窗体的大小，但被限制在 MDI 窗体中。

（2）当最小化子窗体时，它的图标将显示在 MDI 窗体而不是任务栏中。当最小化 MDI 窗体时，所有的子窗体也被最小化。只有 MDI 窗体的图标出现在任务栏中。

（3）当最大化一个子窗体时，它的标题与 MDI 窗体的标题一起显示在 MDI 窗体的标题栏上。

（4）MDI 窗体和子窗体都可以有各自的菜单栏，子窗体加载时覆盖 MDI 窗体的菜单。

2. 建立多窗体界面

MDI 应用程序至少应有两个窗体：一个父窗体和一个子窗体。父窗体只能有一个，子窗体则可以有多个。子窗体就是 MDIChild 属性设置为 True 的普通窗体。

下面通过一个例子来介绍多窗体界面建立的方法。

例如，创建一个包含三个子窗体的多窗体界面，界面如图 6.16 所示。

生成 MDI 应用程序的具体操作步骤如下：

（1）从"工程"菜单中选择"添加 MDI 窗体"选项，系统打开"添加 MDI 窗体"对话框，在"新建"对话框中选择"MDI 窗体"图标，单击"打开"按钮，即可完成创建 MDI 窗体。

（2）将 MDI 窗体的 Caption 属性设置为"MDI 窗体"。

（3）创建一个新的普通窗体（或者打开一个已存在的普通窗体，将其 Caption 属性设

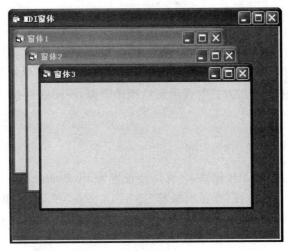

图 6.16　多窗体界面设计

置为"窗体 1",并将该窗体的 MDIChild 属性设置为 True,则该窗体变为一个子窗体)。

（4）重复步骤（3）,创建子窗体"窗体 2"和"窗体 3"。

（5）从"工程"菜单中选择"工程 1 属性"选项,打开"工程属性"对话框,设置启动窗体为 MDI 窗体。

（6）编写代码,在 MDI 窗体加载事件中显示所有子窗体。

```
Private Sub MDIForm_Load()
    Form1.Show
    Form2.Show
    Form3.Show
End Sub
```

VB 会自动将子窗体和父窗体相联系。子窗体只能在父窗体中打开。运行时,如果单击子窗体的"最大化"按钮,两个窗体将重合,窗体的标题变为父窗体的标题加上子窗体的标题,也可以将子窗体部分地移出父窗体,此时父窗体会自动加上相应的滚动条,并且子窗体的移出部分不予显示。

3. 排列子窗体

在 MDI 窗体中使用 Arrange 方法来重新对齐子窗体,可以通过层叠、水平平铺、垂直平铺或沿着 MDI 窗体下部排列子窗体图标等方式来显示子窗体。语法格式如下:

MDI 窗体对象名.Arrange 排列方式

排列方式取值如下:

① vbCascade：层叠所有非最小化 MDI 子窗体。

② vbTileHorizontal：水平平铺所有非最小化的 MDI 子窗体。

③ vbTileVertical：垂直平铺所有非最小化的 MDI 子窗体。

④ vbArrangeIcons：对称排列所有子窗体图标。

6.4 实现步骤

主窗口一般采用 MDI 模式来管理所有窗口，所以在设计菜单栏和状态栏之前，首先要添加一个 MDI 窗体。添加方式与普通窗口操作类似，不同的是在"添加"子菜单项中选择"添加 MDI 窗体"选项。

1. 菜单栏的制作

（1）选中刚刚添加的 MDI 窗体，名称属性设置为 frmSystem。

（2）从"工具"菜单中选择"菜单编辑器"选项，或者在"工具栏"单击"菜单编辑器"按钮，或者在窗口的右侧菜单中选择"菜单编辑器"选项，打开"菜单编辑器"对话框，如图 6.17 所示。

图 6.17　"菜单编辑器"对话框

（3）在"标题"文本框中，为第一个菜单标题键入希望在菜单栏显示的文本。如果希望某一字符成为该菜单项的访问键，也可以在该字符前面加上一个（&）字符。在菜单栏中，这一字符会自动加上一条下划线。

（4）在"名称"文本框中，键入将用来在代码中引用该菜单控件的名字。这里取标题名称的第一个字母。

（5）单击向左或向右的箭头按钮，可以改变该控件的缩进级。如果需要的话，还可以设置控件的其他属性。这一工作可以在菜单编辑器中做，也可以稍后在"属性"窗口中做。

（6）单击"下一个"按钮就可以再建一个菜单控件；也可以单击"插入"按钮，在现有的控件之间增加一个菜单控件；也可以单击向上与向下的箭头按钮，在现有菜单控件之中移动。

（7）如果窗体所有的菜单控件都已创建，则单击"确定"按钮就可关闭"菜单编辑器"对话框（见图 6.17）。创建的菜单标题将显示在窗体上。在设计时，单击一个菜单标题可下拉其相应的菜单项。

2. 状态栏的制作

(1) 把状态栏控件添加到工具箱中。在"工程"菜单项中选择"部件"选项，或者直接在工具箱上右击选择"部件"选项，然后打开"部件"对话框，如图 6.18 所示。在其中选择 Microsoft Windows Common Controls 6.0，然后单击"确定"按钮，就可以看到工具箱中已经添加了多个控件，如图 6.19 所示。

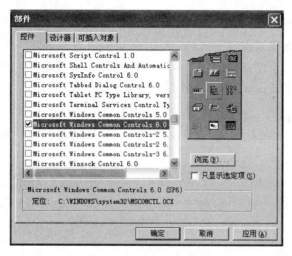

图 6.18 "部件"对话框

(2) 新增加的第三个控件就是状态栏控件，它一般用来显示一些系统信息。在 frmSystem 窗体上创建一个状态栏。在状态栏右击，选择"属性"选项，打开"属性页"对话框，然后选择"窗格"选项卡，如图 6.20 所示。

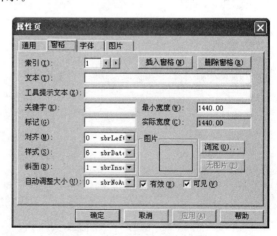

图 6.19 工具箱中的 Common Controls 控件　　　图 6.20 "状态栏"控件的属性页

(3) 通过"插入窗格"和"删除窗格"按钮可以添加和删除窗格的数量。Text 属性是指窗格中显示的文本。"最小宽度"属性可以调整窗格的宽度。"对齐"属性是指文本的对齐方式。"样式"可以设置窗格的显示内容，可以显示时间、日期等信息。"斜面"属性指定窗格对象是否具有凹入的斜面（默认的）、凸出的斜面或不用斜面。"自动调整大小"属性决定当父容器（Form 或容器控件）的大小改变时，窗格对象本身的大小是否可以自动调整。通过"浏览"和"图片"可以添加和删除框架中的图标。

（4）如何动态设置框架中的文本？状态栏控件中有一个 Panels 集合，它包括所有的窗格。假如状态栏的名称为 StatusBar1，第三个窗格的文本修改为"欢迎张浩进入本系统！"。注意"张浩"是用户在登录界面的组合框中选择的用户名。代码应为：

```
StatusBar1.Panels(3).Text="欢迎" & frmLogin.Combo1.Text & "进入本系统!"
```

用户在登录界面输入密码正确后，单击"登录"，则进入主窗体 frmSystem，此时用户看到的状态栏的第三个窗格就应有文本"欢迎张浩进入本系统！"。因此，以上代码应书写在 frmSystem 窗体的 Form_Load 事件过程中：

```
Private Sub MDIForm_Load()
    StatusBar1.Panels(3).Text="欢迎" & frmLogin.Combo1.Text & "进入本系统!"
End Sub
```

第 7 章　基本资料模块设计

本章的教学目标：

- 理解数组的定义与使用方法，理解数组程序设计的方法；
- 了解用户自定义数据类型；
- 掌握使用 ADO 对象的 Recordset 对象对数据库数据进行浏览、添加和删除的方法。

7.1　目标任务

利用访问和修改数据库数据为银行贷款系统设计基本资料模块，主要负责经办人资料和借款人资料的管理，包括浏览、添加、删除经办人或者借款人的信息。

7.2　效果及功能

本程序是为了实现基本资料模块。外观效果及其所具有的功能如下：

（1）当用户在登录界面选择用户名，输入的密码正确后，进入系统主界面，即 frmSystem 界面，选择"基本资料"的子菜单"经办人资料"后，会出现如图 7.1 所示的窗体。无论怎样拖动此窗体，都不会拖出主窗体，这就是 MDI 模式的主要特点。该窗体完成浏览、添加、删除经办人信息，具体功能如下：

① 在本窗体中的三个文本框及一个组合框显示"用户表"（User）中相应的字段。

② 单击"第一条"、"下一条"、"上一条"和"末一条"按钮实现记录的浏览操作。

③ 单击"添加"按钮，显示信息的文本框置空，等待用户输入信息。

④ 单击"取消"按钮，取消添加操作，显示单击"添加"之前的记录信息。

⑤ 单击"更新"按钮，实现记录的更新操作。

⑥ 单击"删除"按钮，实现对当前记录的删除操作，并使用消息框提示用户对删除操作的确认。

⑦ 单击"退出"按钮，关闭"经办人资料"窗体，回到贷款系统主界面。

注意，只有登录用户的类型为经理时才有管理经办人的权限，即如果登录用户的类型为经办人，则"基本资料"的子菜单"经办人资料"为灰色不响应单击事件。

（2）选择"基本资料"的子菜单"借款人资料"后，会出现如图 7.2 所示的窗体。该窗体完成浏览、添加、删除借款人信息，功能与"经办人资料"窗体相似。

图 7.1 "经办人资料"窗体   图 7.2 "借款人资料"窗体

7.3 基础知识

7.3.1 数组

1. 数组的基本概念

（1）数组

数组可以用来存储、表示具有固定数目、同种数据类型的一组相关联的数。

（2）数组元素

数组中的每一个数据都称为数组元素。

（3）数组类型

按照数组定义，同一数组中的各元素数据类型是相同的。数组元素的数据类型称为数组基类型，也称数组类型。

（4）下标、下标变量

数组元素在数组中的排列序号称为数组下标，由于每一数组元素（也是变量）是通过数组名和下标组合起来表示的，为区别于普通变量，通常称数组元素（变量）为下标变量。同时也说明必须指定下标才能存取数组元素。数组的操作主要在于对下标的控制。

（5）数组维数

数组允许的下标个数称为数组维数，数组相应地称为几维数组。

一维数组对应一个向量，下标代表序号。

二维数组对应一个矩阵或二维表格，两个下标分别代表行、列。

三维数组对应一个立体三维表格，三个下标分别代表面、行、列。

如果程序中要处理的一批数据实际中可以表示为向量、矩阵、立体三维表格的情况，则可以用一维、二维、三维数组描述。例如：

全班 50 名学生 1 门课成绩可以用一维数组表示。

全班 50 名学生 5 门课成绩可以用二维数组表示。一行代表一个学生，一列代表一门课程。

全班 50 名学生 5 门课程在 4 个学期的成绩可以用一个三维数组表示。一个面表示一个学期(共 4 个面),一行代表一个学生(共 50 行),一列代表一门课程(共 5 列)。

(6) 数组基本操作

可以用两句话概括对数组的操作:对数组的操作主要是通过对数组元素的操作进行的,对数组元素的操作与对同种数据类型的普通变量的操作一样;数组中最基本、最常用的操作称为"数组遍历",即按一定规律将数组中的每一元素访问一遍,"数组遍历"主要使用计数循环和嵌套计数循环技术。

2. 一维数组

在 VB 中有两种形式的数组:固定大小的数组和动态数组。固定大小的数组是指数组的大小保持不变。下面首先介绍这种数组。

(1) 一维数组的定义与引用

正如在使用变量前要先进行变量定义一样,数组使用前也要进行数组定义。一方面是声明数组名标识符;另一方面是为数组(元素)开设相应的存储单元。

定义形式 1 Dim 数组名(下标下界 To 下标上界) As 数据类型

说明 其中"数组名"是为数组起的名字,"数据类型"指出了数组中元素的数据类型,"下标下界 To 下标上界"不仅指定了数组的大小(数组中元素的个数),而且指定了数组下标的取值范围。

例如:

```
Dim a(1 To 15) As Integer          '定义了包含 15 个元素的整型数组 a
```

定义形式 2 Dim 数组名(数组下标上界) As 数据类型

说明 "下标上界"不仅指定了数组的大小(数组中元素的个数),而且指定了数组下标的取值范围。这种声明形式没有指定下界,表明默认的下界为 0,上界不能超过 Long 型值的范围。

例如:

```
Dim a(14) As Integer               '定义了包含 15 个元素的整型数组 a
```

引用形式

```
数组名(下标表达式)
```

例如:a(20),a(i),a(2 * i−1),…

下标表达式反映了下标值"变"的特性,正是由于这种"变",才使得在程序中可以通过控制下标的变化,达到对数组各元素的操作目的,如下例。

```
…
Dim a(1 To 10) As Integer
Dim i As Integer
For i=1 To 10
```

```
        a(i)=i * 3
    Next
    ...
```

请注意,若下标出现"越界"现象,例如定义了 Dim a(9) As Integer,则 a(-1),a(10),a(19)中下标的都是"越界"的下标值,VB 语言不做"下标越界"检查,这有可能导致异常现象的出现,应尽量避免。

(2) 一维数组的存储

一维数组被存储在内存的一片连续单元内,数组中的第 i 个元素的存储地址可以用"数组起始地址+基类型单元长度 * i"计算出来,按照"按址存取"方法,我们可以对数组元素单元进行方便的存取。

(3) 一维数组的基本程序阅读

例 7.1 写出下列程序的运行结果。

```
假设输入:12,43,9,-8,-12,7,-1,0
Dim i As Integer
Dim a(7) As Integer, k As Integer
For i=0 To 7
    a(i)=CInt(InputBox("请输入一个整数:"))
Next
k=a(0)
For i=1 To 7
    If a(i) < k Then k=a(i)
Next
Print k
```

答案 输出为 k=-12

程序的核心是 For…Next 循环语句,i=1~7,而循环体中对 a(i)作处理,在 i 从 1~7 的变化中形成对 a(1)~a(7)这些数组元素的"遍历"。也就是说,在 i=1 时,循环体内处理 a(1);i=2 时,循环体内处理 a(2);…。从对程序的进一步分析中看到若数组当前元素 a(i) < k,则用 a(i)替换 k,反映了程序是求数组的最小值,k 用来保存最小值,初值为 a(0)。

要点

① 掌握一维数组"遍历"的基本程序结构。

② 记住求一维数组最小值的基本方法。

例 7.2 写出下列程序的运行结果。

```
假设输入:5,7,6,8,9
2,6,9,7,8
Dim i, a(4), b(4), c(4) As Integer
For i=0 To 4
    a(i)=CInt(InputBox("请输入一个整数:"))
Next
```

```
For i=0 To 4
    b(i)=CInt(InputBox("请输入一个整数:"))
Next
For i=0 To 4
    c(i)=a(i) * b(i)
Next
For i=0 To 4
    Print c(i)
Next
```

答案　输出为：10 42 54 56 72

从上例中可以看到数组的下标决定了数组元素,之前讲解中也提醒到数组操作中下标的变化规律(下标控制)是数组处理的关键。为了清楚下标的变化规律及与数组元素的对应关系,读者在解数组题目时要学会画数组示意图。

本例共有三个数组 a(4),b(4),c(4)。示意图如图 7.3 所示。

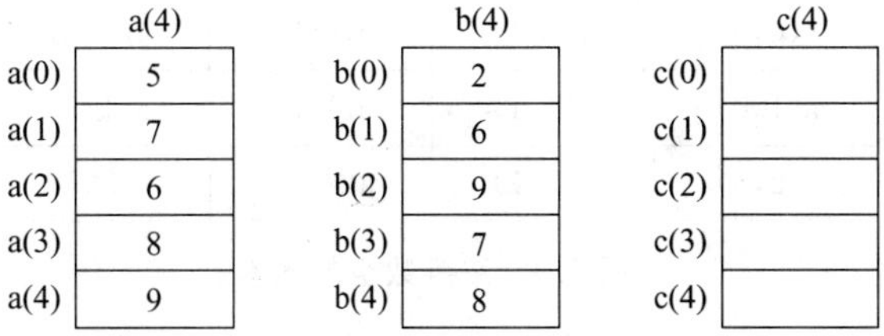

	a(4)		b(4)		c(4)
a(0)	5	b(0)	2	c(0)	
a(1)	7	b(1)	6	c(1)	
a(2)	6	b(2)	9	c(2)	
a(3)	8	b(3)	7	c(3)	
a(4)	9	b(4)	8	c(4)	

图 7.3　数组示意图

程序共有四个 For…Next 循环,第一个 For…Next 循环和第二个 For…Next 循环分别为数组 a(4)和 b(4)的数组元素赋值,进入第三个 For…Next 循环,i 在 0~4 之间变化:

i=0 时,执行 c(0)=a(0) * b(0);将 5 * 2=10→c(0)(请在 c(0)单元填上 10)。

i=1 时,执行 c(1)=a(1) * b(1);将 7 * 6=42→c(1)(请在 c(1)单元填上 42)。

i=2,3,4 时,分别将 6 * 9=54→c(2),8 * 7=56→c(3);9 * 8=72→c(4);(请在 c(2),c(3),c(4)单元分别填上 54,56,72)。

程序进入第四个 For…Next 循环,是将 c 数组元素输出。

要点

① 学会画数组示意图,并在运行程序时对相应数组元素按程序语句进行改写,以随时记住数组当前状态。

② 记住一维数组元素的顺序输出程序片段(第四个 For…Next 语句)。

3. 二维数组

(1) 二维数组定义与引用

二维数组对应于数学上的矩阵或平面上的二维表格,它有两个下标可以变化:一个下标代表行;另一个下标代表列。

定义形式 1　Dim 数组名(下界 1 To 上界 1,下界 2 To 上界 2)As 数据类型例如：

```
Dim a(1 To 3,1 To 4) As Integer        '定义一个 3 * 4 的二维数组 a,a 包含有 12 个整型元素
```

定义形式 2　Dim 数组名(上界 1,上界 2) As 数据类型

说明　第一种形式指定了二维数组的下界取值,第二种采用了默认下界为 0 的声明形式。

例如：

```
Dim a(2,3) As Integer                  '定义一个 3 * 4 的二维数组
```

引用形式

数组名(下标 1, 下标 2)

下标 1 又称行下标,下标 2 又称列下标。例如,对上面的 a 数组共有 a(0,0),a(0,1),a(0,2),a(0,3),a(1,0),a(1,1),…a(2,3)共 12 个元素,如图 7.4 所示。

a(0,0)	a(0,1)	a(0,2)	a(0,3)
a(1,0)	a(1,1)	a(1,2)	a(1,3)
a(2,0)	a(2,1)	a(2,2)	a(2,3)

图 7.4　二维数组的元素

下标可以是任何整型表达式,a(i,j)是程序中最常见的元素引用形式,它是指第 i 行第 j 列的元素,例如：

```
Dim i As Integer,j As Integer
Dim a(1 To 2,1 To 3) As Double
For i=1 To 2
    For j=1 To 3
        a(i,j)=i * 10+j
    Next
Next
```

(2) 二维数组的存储

二维数组各元素也存储在内存连续区域内。内存是线性的,所以二维数组要按行优先(或列优先)方式线性化后存入内存。VB 中规定二维数组按行优先方式存储,即先存第 0 行,再存第 1 行,再存第 2 行……二维数组 a(2,2)在内存的存放形式如图 7.5 所示。

(3) 二维数组的基本程序阅读

例 7.3　写出下列程序的运行结果。

```
Dim i, a(2, 2) As Integer
Dim k As Integer
```

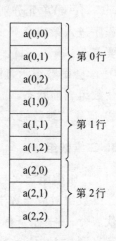

图 7.5　二维数组的列优先存储

```
k=1
For i=0 To 2
    For j=0 To 2
        a(i, j)=k
        k=k+1
    Next
Next
For i=0 To 2
    Print a(i, 2-i)
Next
```

答案 结果为：3 5 7

首先要清楚第一个嵌套的 For…Next 循环是对 a(2,2) 的 9 个元素进行赋值。

最后一个 For…Next 循环进行 3 次 i=0～2。i=0 时，输出的 a(i, 2-i) 即 a(0，2)=3；i=1 时输出的 a(i, 2-i) 即 a(1，1)=5；i=2 时输出的 a(i, 2-i) 即 a(2，0)=7。

进一步观察输出的是方阵 a(2,2) 次对角线上元素：a(0，2)，a(1，1)，a(2，0)，那么主对角线上元素是 a(0，0)，a(1,1)，a(2，2)。

请画出二维数组示意图进行分析。

要点

N 行 N 列的方阵主对角线上元素可表示为 a(i,i)(i=0～N-1)，次对角线上元素可表示为 a(i,(N-1)-i)(i=0～N-1)。

例 7.4 写出下列程序的运行结果。

```
Dim a(2, 2) As Integer
Dim i, j As Integer
For i=0 To 2
    For j=0 To 2
        a(i, j)=i+j
    Next
Next
For i=0 To 1
    For j=0 To 1
        a(i+1, j+1)=a(i+1, j+1)+a(i, j)
    Next
Next
Print a(i, j)
```

答案 输出的是 6

程序前一部分是对 a(2，2) 数组的遍历，每次将 i+j→a(i, j)，即 a 数组每一元素被赋的值是该元素行、列下标的和。这样 a 数组执行完程序前一部分后的状态如图 7.6 所示（箭头前的值）。

程序后一部分是对 a 数组左上角 2*2 方阵的遍

		j	
	0	1	2
0	0	1	2
i 1	1	2→2	3→4
2	2	3→4	4→6

图 7.6　数组 a 中的元素状态

历,也就是将当前遍历元素 a(i,j)累加到 a(i,j)的右下元素 a(i+1,j+1)上。i=0 时,a(0,0)、a(0,1)分别累加到 a(1,1)、a(1,2)上,图 7.6 中的→标明了相关元素变化情况;i=1 时 a(1,0)、a(1,1)分别累加到 a(2,1)、a(2,2)上,图中的→标明了相关元素的变化情况;经上述处理,a 数组状态如图所示(箭头后的值)。

第二个双重循环退出时 i=2,j=2,所以输出的是 a(2,2)=6。

要点

① 二维数组的全体遍历(程序前一部分)和部分遍历(程序后一部分)。

② 画二维数组示意图,并在运行程序时记载数组元素的最新变化状态。

4. 动态数组

对于固定大小的数组,系统在编译时,根据数组声明语句声明的内容,预先分配存储空间,而且在程序执行的整个过程中,不会改变空间的大小,直到程序执行结束,系统才收回分配的空间。

动态数组是指在程序执行过程中数组的大小可以改变。系统不预先为数组分配存储空间,而是在程序的执行过程中,根据动态的申请,动态地分配存储空间。在程序中使用 ReDim 语句向系统动态地申请数组空间,当不需要时,使用 Erase 语句请求系统收回空间。

动态数组的使用一般分为两个步骤:第一步,首先声明数组,但不指定数组的大小,声明语句如下:

Dim 数组名() As 数据类型

第二步,在程序的执行过程中,根据实际的执行需求,使用 ReDim 语句重新分配元素数,动态地申请空间,语句格式为:

ReDim 数组名(下标上界)

与 Dim 语句不同,ReDim 语句不是声明语句而是一条可执行语句,其功能是执行了一个特定的操作。因此 ReDim 语句只能出现在过程中。例如:

```
...                              '程序中其他操作
Dim a() As Integer               '声明动态数组 a
...
ReDim a(9)                       '分配一维数组的 10 个元素空间
For i=0 To 9                     '给数组元素赋值
    a(i)=i * 10
Next
intX=10
intY=10
ReDim a( intX,intY)              '重新分配二维数组的 11 * 11 个元素空间
For i=0 To 10                    '给数组元素赋值
    For j=0 To 10
        a (i,j)=i+j
```

```
        Next
    Next
```

5．数组程序设计

数组程序设计(一维,二维,……)的关键有三个方面。

(1) 数组设计技术

必须能根据问题的特点、要处理的数据特点及数据内在关系决定开几个数组、开什么样的数组、数组内容是什么,特别是数据在数组中的存放规律是什么。

(2) 数组处理技术

要明确对数组施以什么样的处理,处理结果是什么,数组会发生什么变化,同时要清楚对数组的处理方法是通过循环程序实现下标的按规律控制。遍历是最简单但却是最常见的数组处理技术。

(3) 对循环程序设计技术的依赖性

循环程序设计中所关注的程序结构问题、数据处理技巧问题、典型程序问题(如"三器"技术、最大/最小值技术、以标志结束的一组数技术、标志技术等)的处理方法,即编程"三部曲"(只是数组即编程中增加了数组设计环节)在数组编程中同样重要。

例 7.5 输入 20 个数存放在数组 a(19) 中,之后将存储顺序颠倒过来再输出。

题目中已将数组设计好了,只需考虑如何处理数组。逆序存放的方法是元素交换:$a(0) \Leftrightarrow a(19), a(1) \Leftrightarrow a(18), \cdots, a(9) \Leftrightarrow a(10)$。可以有两种控制下标的方法。

方法 1:设下标变量 $i, i = 0 \sim 9$,交换的两元素下标表示为 i 和 $19-i$,即 $a(i) \Leftrightarrow a(19-i)$请大家分析 $i=0, i=1, \cdots, i=9$ 时具体交换的元素是不是预期的 $a(0) \Leftrightarrow a(19), a(1) \Leftrightarrow a(18), \cdots, a(9) \Leftrightarrow a(10)$。

方法 2:设两个下标变量 i 和 j, i 是数组左端元素下标,j 是数组右端元素下标,使 $a(i) \Leftrightarrow a(j)$。每次交换后 $i++, j--$ 使 i 向右(增加)、j 向左(减少)靠近,并在下次循环中交换下一对元素。由 i 控制循环做 10 次。

方法 1 和方法 2 的程序如下,请读者画图理解这两种方法及程序。

程序 1

```
Private Sub Command1_Click()
    Dim a(19) As Integer
    Dim i, t As Integer
    For i=0 To 19
        a(i)=CInt(InputBox("请输入一个整数:"))
    Next
    For i=0 To 9
        t=a(i): a(i)=a(19-i): a(19-i)=t
    Next
    For i=0 To 19
        Print a(i)
    Next
```

```
    End Sub
```

程序 2

```
Private Sub Command1_Click()
    Dim a(19) As Integer
    Dim i, j, t As Integer
    For i=0 To 19
        a(i)=CInt(InputBox("请输入一个整数:"))
    Next
    j=19
    For i=0 To 9
        t=a(i): a(i)=a(j): a(j)=t
        j=j-1
    Next
    For i=0 To 19
        Print a(i)
    Next
End Sub
```

要点

① 下标的变化规律就是数组元素处理顺序的规律,这一规律由循环语句决定。

② 用数组低端元素下标描述对称的高端元素下边的方法是:最大下标−低端下标。

③ 一个数组设两个下标按不同规律变化以对数组进行成对处理,是数组处理中的常用手段。

例 7.6 10 个学生 2 门课的成绩按下列顺序排列在一维数组中:{第 1 个学生第 1 门课成绩,第 1 个学生第 2 门课成绩;第 2 个学生第 1 门课成绩,第 2 个学生第 2 门课成绩;第 3 个学生第 1 门课成绩……第 10 个学生第 2 门课成绩}。试编写一个程序,统计每个学生的总成绩和每门课的平均成绩。

根据题目中所述的 10 个学生 2 门课程共 20 个成绩在数组中的排列规律,可以画出如图 7.7 所示的数组示意图。图中 * 位置存有第 1 门课程的 10 个成绩,♯ 位置存有第 2 门课的 10 个成绩,↑位置及其下一位置是一个学生的两门课成绩。

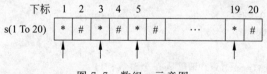

图 7.7　数组 s 示意图

首先分析如何求每个学生的平均成绩。共有 10 个学生要通过 10 次循环求得 10 个平均成绩,10 次循环应设法控制下标在 10 个 ↑位置形成"遍历"。设下标为 i,则当前学生的平均成绩为(s(i)+s(i+1))/2,按上述"遍历"设想应使用 For…Next 循环使 i 介于 1~19 时步长为 2,这样,每次循环中 i=1,3,5,7,9,…,17,19。见程序中"求学生平均成绩"。

再分析如何求每门课的平均成绩。第 1 门课平均成绩是对 10 个 * 位置的元素累加之后除以 10,这些元素的下标是 1,3,5,7,…19,第 2 门课平均成绩是对 10 个♯位置元素累加之后除以 10,这些元素的下标是 2,4,6,8,…20。如果下标从 1 开始以 2 为步长进行 10 次循环则可求得第 1 门课的总成绩,下标从 2 开始用同样方法可求得第 2 门课的总成绩。为此可设双重计数循环,外层循环做 2 次,一次可求得一门课的平均成绩,循环控制量 k=1～2。内层循环做 10 次,循环控制量 i 的初值为 k,步长为 2,见程序的"求两门课平均成绩"。

程序

```
Private Sub Command1_Click()
    Dim s(1 To 20), i, j, k As Integer
    Dim dblScore As Double
    '求 10 名学生的平均成绩
    For i=1 To 20
        s(i)=CInt(InputBox("请输入成绩:"))
    Next
    For i=1 To 20 Step 2
        Print "第" & (i+1) \ 2 & "名学生两门课的平均成绩是:"& _
            (s(i)+s(i+1)) / 2
    Next
    '求各门课的平均成绩
    For k=1 To 2
        dblScore= 0
        For i=k To 20 Step 2
            dblScore=dblScore+ s(i)
        Next
        Print "第" & k & "门课的平均成绩是: " & dblScore/10
    Next
End Sub
```

要点

一批有关联的数据可以以任何规律在数组中存放,这就是数据组织问题。按规律存储好数据的一维数组必须通过对下标的有效控制才能有效地处理这些数据。本例题很好地说明了这一点。

例 7.7 利用"选择法"将数组中的元素按从小到大的顺序重新排列。

设 n 个元素存在数组 a 的 a(1)～a(n)中,"选择法"排序的方法是先从 a(1)～a(n)中选出最小数并使之与 a(1)交换;再从 a(2)～a(n)中选出最小数并使之与 a(2)交换;再从 a(3)～a(n)中选出最小数并使之与 a(3)交换……最后从 a(n-1)～a(n)中选出最小数使之与 a(n-1)交换。

数组设计是明显的:定义一个动态数组 a( ),数组元素个数由用户输入为 n,然后使用 Redim a(1 To n)为数组开辟内存空间,存储待排序的 n 个整数,之后进入本程序核心部分"选择法排序"的程序设计阶段。

从对"选择法"的描述中可以看出"选择一个最小数并与'首'元素交换"的工作要进行

$n-1$ 次，因而程序的总体结构是 $n-1$ 次的循环，循环控制变量 i 应从 $1\sim n-1$。在每次循环中的处理是"从 $a(i)\sim a(n)$"中选出最小数与 $a(i)$ 交换。这样可以写出如图 7.8 左部所示的程序结构。

程序分析到这里其实已经"完成"了，后面的细化是很简单的事情。从分析中可以总结出选择好程序切入点，思考出程序的主体（总体）处理方法并构造出程序基本结构是编程最重要的一步。

再细化"选择最小数及交换"的处理。由于选出的最小数还要与 $a(i)$ 交换，只记忆最小数是不够的，必须记忆最小数的下标设为 k，这样 $a(k)$ 是最小数。首先使 $k=i$，假设 $a(i)$ 最小；之后制造 $For\cdots Next$ 循环；控制量 $j=i+1\sim n$，每次由 $a(j)$ 与 $a(k)$ 比较，在 $a(j)<a(k)$ 的情况下用 j 替换 $k(k=j)$，说明新的最小数 $a(j)$ 产生了。细化结果如图 7.8 右部所示，按此结构设计出程序。

```
{输入 n 及 n 个整数→a(1)~a(n)}          k= i
For i=1 To n-1                        For j=i+1 To n
{从 a(i)~a(n)中选出最小数与 a(i)交换}➡  If a(j)<a(k) Then k=j
Next                                  Next
{输出 a(i)~a(n)}                       '至此,a(k)是 a(i)~a(n)中的最小数
                                      a(i)⇔a(k)
```

图 7.8　程序框架及细化结果

程序

```vb
Private Sub Command1_Click()
    Dim i, n, k, j As Integer
    Dim a(), t As Integer
    n=CInt(InputBox("请输入数组的元素个数:"))
    ReDim a(1 To n)
    For i=1 To n
        a(i)=CInt(InputBox("请输入数组的一个整型元素:"))
    Next
    For i=1 To n-1
        k=i
        For j=i+1 To n
            If a(j) <a(k) Then k=j
        Next
        If k <>i Then
            t=a(i): a(i)=a(k): a(k)=t
        End If
    Next
    For i=1 To n
        Print a(i)
    Next
```

```
End Sub
```

请读者画出数组图示并用具体数据运行程序。

要点

① 选好分析问题的切入点,构造出程序基本结构。

② 清楚知道程序每一点上的状态对细化程序、简化问题大有好处。

③ 要清楚在程序的不同循环体内,当前元素是如何表示的。例如,本例中内循环体中处理的是 a(i+1)~a(n),当前元素是 a(j);而外循环体中当前元素是 a(i)。

例 7.8 求 3×4 矩阵中的最大值及其位置。

首先要定义一个 3 行 4 列的数组,假设是整型数组,即 Dim a(2,3) As Integer。正常情况下矩阵中的最大值可能有多个。当然为简化问题,我们也可以假设矩阵中的元素互不相同,这样只能找到一个最大值。

情况 1 矩阵中元素互不相同,只可能有一个最大值。

这是典型的通过数组遍历,使数组中每一元素均做一次与当前最大值的比较,而最终求得最大值的编程思想。由于不但要输出最大值还要输出位置,因此只要记忆当前最大值元素的位置(行、列下标)就可以了,设这一对下标变量为 x、y,矩阵中每一元素与 a(x,y)(目前的最大值)比较,若大于它则将当前元素的下标赋给 x、y。

程序 1

```
Private Sub Command1_Click()
    Dim a(2, 3) As Integer
    Dim i, j, x, y As Integer
    '假设输入 1,23,-34,4,-1,2,56,4,50,46,3,2
    For i=0 To 2
        For j=0 To 3
            a(i, j)=CInt(InputBox("请输入一个整数:"))
        Next
    Next
    x=0
    y=0
    For i=0 To 2
        For j=0 To 3
            If a(i, j)>a(x, y) Then x=i: y=j
        Next
    Next
    Print "a(" & x & "," & y & ")=" & a(x, y)
End Sub
```

情况 2 矩阵中元素可以相同,从而存在多个最大值元素的可能性。

这种情况程序应由两个顺序的步骤完成。第一步骤先求出矩阵中最大值→max;第二步骤再使矩阵中每一元素与最大值 max 逐一比较,若相等则证明该元素是最大值元素之一,输出当前元素的一对下标(位置)。

这两个步骤的程序结构都是对 a(2,3)数组的遍历结构,当前元素为 a(i,j)。

程序 2

```
Private Sub Command1_Click()
    Dim a (2, 3) As Integer
    Dim i, j, x, y As Integer
    Dim max As Integer
    max= - 32768
    '假设输入 1,23,-34,4,-1,2,56,4,56,56,3,2
    For i=0 To 2
        For j=0 To 3
            a(i, j)=CInt(InputBox("请输入一个整数:"))
            If a(i, j) >max Then max=a(i, j)
        Next
    Next
    For i=0 To 2
        For j=0 To 3
            If a(i, j)=max Then Print "a(" & i & "," & j & ")=" & max
        Next
    Next
End Sub
```

要点

① 继续加深对数组遍历的认识,大多数情况下都可以将对数组进行遍历作为程序设计的切入点,这时程序的基本结构就是遍历结构。

② 考虑问题要尽可能全面。本例中考虑到有可能存在多个最大值。

例 7.9 某单位的全部费用包括 7 项(工资、水电、差旅、接待、交通、通信、其他),统计并输出该单位的每项费用一年 12 个月的总花销以及每月的总费用。

首先考虑设计什么样的数组。针对 12 个月的费用,每个月有 7 项费用,很容易想到设计一个 12 行 7 列的二维数组;对于统计出的每项费用一年的总花销,因为有 7 项,因此设计一个包含 7 个元素的一维数组;对于统计每月的总费用,有 12 个月,因此设计一个包含 12 个元素的一维数组。这样就设计了 3 个数组,这种解题方法一般能够想到,答案参考程序 2。

还有一种方法,设计一个 13 行 8 列的二维数组,前 12 行 7 列存放每个月的 7 项费用,而第 13 行存放每项费用一年总的花销,第 8 列存放每月的总费用。可以定义两个常量,intYear=12 表示一年 12 个月,intNumber=7 表示有 7 项费用,13 行 8 列的二维数组定义为 dblCost(1 To intYear+1,1 To intNumber+1)。首先统计每月的总费用,因为有 12 个月,因此程序总的框架是 For…Next 循环,如图 7.9 左部所示,循环体是计算第 i 个月的总费用,实现方法是把第 i 行的前 7 列费用加到这一行第 8 列的元素上,即 dblCost(i, intNumber+1),细化为代码如图 7.9 右部所示。统计每项费用一年 12 个月的总花销,过程类似,请读者自行分析。答案参考程序 1。

```
For i=1 To intYear          dblCost(i,intNumber+1)=0
计算第 i 个月的总费用➡For j=1 To intNumber
打印这个月的总费用          dblCost(i, intNumber+1)=dblCost(i, intNumber+1)_
Next                                        +dblCost(i,j)
                            Next
                            Print "第" & i & "个月总的费用=" & dblCost(i, intNumber+1)
```

图 7.9 例 7.9 的程序框架及细化结果

程序 1

```
Private Sub Command1_Click()
Const intYear As Integer=12
Const intNumber As Integer=7
Dim dblCost(1 To intYear+1, 1 To intNumber+1) As Double
Dim i, j As Integer
For i=1 To intYear
    For j=1 To intNumber
        dblCost(i, j)=CDbl(InputBox("请按顺序输入每一月的每项费用。"))
    Next
Next
For i=1 To intYear                  '统计每月的总费用是对第 i 行处理,共 12 行
    dblCost(i, intNumber+1)=0       '第 i 月的费用累加器
    For j=1 To intNumber
        dblCost(i, intNumber+1)=dblCost(i, intNumber+1)+dblCost(i, j)
    Next
    Print "第" & i  & "个月总的费用=" & dblCost(i, intNumber+1)
Next
For j=1 To intNumber                '统计每项费用一年的总和是对第 j 列处理,共 7 列
    dblCost(intYear+1, j)=0
    For i=1 To intYear              '第 j 项费用的累加器
        dblCost(intYear+1, j)=dblCost(intYear+1, j)+dblCost(i, j)
    Next
    Print "第" & j+1 & "项费用本年总和=" & dblCost(intYear+1, j)
Next
End Sub
```

程序 2

```
Private Sub Command1_Click()
Dim dblCost(1 To 12, 1 To 7) As Double
Dim dblYearCost(1 To 7) As Double
Dim dblMonthCost(1 To 12) As Double
Dim i, j As Integer
For i=1 To 12
    For j=1 To 7
```

```
            dblCost(i, j)=CDbl(InputBox("请按顺序输入每一月的每项费用。"))
        Next
    Next
    For i=1 To 12                      '统计每月的总费用是对第 i 行处理,共 12 行
        dblMonthCost(i)=0              'dblMonthCost 的第 i 个元素是第 i 月的费用累加器
        For j=1 To 7
            dblMonthCost(i)=dblMonthCost(i)+dblCost(i, j)
        Next
        Print "第" & i & "个月总的费用=" & dblMonthCost(i)
    Next
    For i=1 To 7
        dblYearCost(i)=0              '统计每项费用一年的总和是对第 i 列处理,共 7 列
        For j=1 To 12                 'dblYearCost 的第 i 个元素是第 i 项费用的累加器
            dblYearCost(i)=dblYearCost(i)+dblCost(j, i)
        Next
        Print "第" & i & "项费用本年总和=" & dblYearCost(i)
    Next
End Sub
```

7.3.2 用户自定义数据类型

在解决客观世界的问题时常常会遇到,有些实际问题中的数据很难用 VB 标准数据类型描述和处理。例如,学生学籍管理数据库应用中,学生对象是由学号、姓名、性别、年龄、所在系、所学专业、籍贯等一系列基本数据项组成的,所有这些数据项的组合共同构成了学生记录,描述了学生对象。用 VB 的任何一种标准的数据类型都不能有效、准确地描述或处理学生记录。因此,VB 系统提供了一种手段,可以将不同标准的数据类型组合起来,形成新的数据类型,用来描述和处理标准数据类型不能描述和处理的数据。这种基于标准数据类型重新构建的数据类型称为用户自定义数据类型。

1. 创建用户自定义数据类型

标准数据类型是 VB 预定义的,在程序中可以直接用于声明变量。与 VB 标准数据类型不同,用户自定义数据类型是基于标准数据类型重新构建的,因此首先必须创建,即从无到有。

在 VB 中使用 Type 语句创建用户自定义数据类型,并且 Type 语句必须放在模块的通用声明部分。Type 语句的语法格式为:

```
Type 用户自定义类型名
    成员名 1 As 标准类型
    成员名 2 As 标准类型
    ……
    成员名 n AS 标准类型
End Type
```

"用户自定义类型名"是创建的数据类型名,与 Integer、Long、String 等的性质相同,不是变量。"成员名"是用户自定义类型中的一个组成部分。"标准类型"可以是 VB 的任何标准数据类型,也可以是已经创建的其他用户自定义类型。

例如,描述学生的信息包含"学号、姓名、年龄、性别、所在系",用 Type 语句创建一个新的用户自定义类型,名称为 Student。

```
Type Student
    stuNum As String              '用变长字符串描述学号
    stuName As String             '用变长字符串描述姓名
    stuAge As Integer             '用整数描述年龄
    stuSex As String * 2          '用定长字符串描述性别
    stuDepartment As String       '用变长字符串描述所在系
End Type
```

2. 声明用户自定义数据类型变量

与 VB 标准类型变量的使用相同,在使用用户自定义数据类型变量之前,必须先声明后使用。声明语句为:

Dim 变量名 As 自定义数据类型

例如:

```
Dim Stu AS Student              '定义了一个具有 Student 类型的变量 Stu
Dim allStu(1 To 10) As Student  '数组的每个元素都是 Student 类型数据
```

3. 引用用户自定义数据类型变量

在声明了用户自定义数据类型变量之后,就可以在程序代码中使用变量解决和处理问题了。引用方式为:

用户自定义数据类型变量名.用户自定义数据类型成员名=变量值

例如:

```
Stu.Name="Peter"
Stu.Age=20
AllStu(1).Num="9812A00"
```

对于用户自定义数据类型的使用读者可运行以下程序进行分析:

```
Private Type person
    psName As String
    psNumber As Integer
End Type
Private Type student
    stuNum As String
```

```
        stuName As String
        stuAge As Integer
        stuSex As String * 1
        stuDepartment As String
        stuFriends() As person
    End Type
    Private Sub Command1_Click()
        Dim stu As student
        stu.stuName="allyssa"
        stu.stuSex="女"
        ReDim stu.stuFriends(3)
        stu.stuFriends(0).psName="liumm"
        Print stu.stuName
        Print stu.stuSex
        Print stu.stuFriends(0).psName
    End Sub
```

例 7.10 定义含有 3 名学生信息的数组,学生档案类型包括姓名、学号、所在系、5 门课程的成绩、平均成绩。程序通过输入数组中 3 名学生的信息赋值,并求 3 名学生的平均成绩,之后将数组按平均成绩排序并输出。

程序

```
Private Type student
    Name As String
    Number As Integer
    Department As String
    Score(4) As Double
    Ave As Double
End Type
Private Sub Command1_Click()
    Dim student(2) As student
    Dim i As Integer
    Dim j As Integer
    Dim t As student
    For i=0 To 2
        student(i).Name=InputBox("请输入学生姓名:")
        student(i).Number=CInt(InputBox("请输入学生学号:"))
        student(i).Department=InputBox("请输入学生所在系:")
        For j=0 To 4
            student(i).Score(j)=CDbl(InputBox("请输入成绩:"))
            student(i).Ave=student(i).Ave+student(i).Score(j)
        Next
        student(i).Ave=student(i).Ave / 5
    Next
```

```
        If (student(0).Ave > student(1).Ave) Then
            t=student(0): student(0)=student(1): student(1)=t
        End If
        If (student(0).Ave > student(2).Ave) Then
            t=student(0): student(0)=student(2): student(2)=t
        End If
        If (student(1).Ave > student(2).Ave) Then
            t=student(1): student(1)=student(2): student(2)=t
        End If
        For i=0 To 2
            Print student(i).Name & "的平均成绩=" & student(i).Ave
        Next
    End Sub
```

7.4 实现步骤

1. 界面设计及实现

"经办人资料"窗体与"借款人资料"窗体的界面设计和代码类似,这里以"经办人资料"窗体的设计和实现为例介绍实现数据库记录的浏览、添加和删除的方法。界面设计如图 7.1 所示,窗体和控件的属性设置如表 7.1 所示。

表 7.1　窗体和控件的属性设置

对象名	属性名	属性取值	对象名	属性名	属性取值
窗体 Form	名称(Name)	frmUser	命令按钮 3	名称(Name)	cmdCancelUpdate
	Caption	经办人资料		Caption	取消
	MDIChild	True	命令按钮 4	名称(Name)	cmdDelete
标签 1	Caption	用户号		Caption	删除
标签 2	Caption	用户名	命令按钮 5	名称(Name)	cmdExit
标签 3	Caption	密码		Caption	退出
标签 4	Caption	类型	命令按钮 6	名称(Name)	cmdFirst
文本框 1	名称(Name)	txtID		Caption	第一条
文本框 2	名称(Name)	txtName	命令按钮 7	名称(Name)	cmdNext
文本框 3	名称(Name)	txtPassword		Caption	下一条
组合框 1	名称(Name)	txtType	命令按钮 8	名称(Name)	cmdPrevious
命令按钮 1	名称(Name)	cmdAdd		Caption	上一条
	Caption	添加	命令按钮 9	名称(Name)	cmdLast
命令按钮 2	名称(Name)	cmdUpdate		Caption	末一条
	Caption	更新			

2. 编写事件过程

"经办人资料"窗体访问数据库的用户表,因此把用户表作为记录集。在第 6 章的登录界面(frmLogin)也访问的用户表,在本窗体不再生成新的记录集,直接使用登录窗体中生成的记录集。因此在窗体 frmLogin 中定义的 ADO 对象模型中的 Connection 对象变量 con 和 RecordSet 对象变量 rs 应为全局变量,在 frmLogin 窗体的"通用声明部分"定义,语句格式如下:

```
Public con As New ADODB.Connection
Public rs As New ADODB.Recordset
```

在 frmUser 窗体中访问 frmLogin 窗体定义的变量 rs,语句格式为:窗体名.变量名,即 frmLogin.rs。

还有一点值得注意,系统要求如果登录用户类型为经理,则有访问"经办人资料"窗体的权限,否则如果是一般经办人则不能访问该窗体,即单击菜单"基本资料"时子菜单"经办人资料"应是灰色的,该按钮的 Enable 属性值为 False。要实现此功能应对 frmLogin 窗体的"登录"按钮的单击事件稍作调整。调整后的代码如下:

```
'全局变量 userType 保存登录用户的类型,在后面章节的窗体中会用到
Public userTpye As String

'frmLogin 窗体的 cmdLogin_Click 事件过程代码
Private Sub cmdLogin_Click()
    Static num As Integer
    Dim f As Boolean
    userType="经理"
    If txtPassword.Text="" Then
        MsgBox "请输入密码!", vbExclamation, "提示"
        txtPassword.SetFocus
    Else
        rs.MoveFirst
        f=False
        Do While rs.EOF=False
        If rs("UName")=Combo1.Text And rs("UPassword")=txtPassword.Text Then
            f=True
            Exit Do
        End If
        rs.MoveNext
        Loop
        If f=True Then
            frmLogin.Hide
            frmSystem.Show
            If rs("UType")="经办人" Then
                frmSystem.jbrzl.Enabled=False          '调整了这两行代码
                userType="经办人"
            End If
        Else
```

```
                num= num+ 1
                MsgBox "密码错误!", vbExclamation, "提示"
                If num= 3 Then End
            End If
        End If
End Sub


'以下为 frmUser 的代码
'在相应文本框中显示记录集当前记录各字段的信息
Private Sub Form_Load()
    txtID.Text= frmLogin.rs("UID")
    txtName.Text= frmLogin.rs("UName")
    txtPassword.Text= frmLogin.rs("UPassword")
    Combo1.Text= frmLogin.rs("UType")
End Sub


'按钮"第一条"的代码,注意只要记录指针移动,就应给文本框的 Text 属性赋值
Private Sub cmdFirst_Click()
    frmLogin.rs.MoveFirst
    txtID.Text= frmLogin.rs("UID")
    txtName.Text= frmLogin.rs("UName")
    txtPassword.Text= frmLogin.rs("UPassword")
    Combo1.Text= frmLogin.rs("UType")
End Sub


'按钮"下一条"的代码,只要指针往下移则需判断是否出界,即 EOF 是否为 True
Private Sub cmdNext_Click()
    frmLogin.rs.MoveNext
    If frmLogin.rs.EOF Then frmLogin.rs.MoveLast
    txtID.Text= frmLogin.rs("UID")
    txtName.Text= frmLogin.rs("UName")
    txtPassword.Text= frmLogin.rs("UPassword")
    Combo1.Text= frmLogin.rs("UType")
End Sub


'按钮"上一条"的代码,只要指针往上移则需判断是否出界,即 BOF 是否为 True
Private Sub cmdPrevious_Click()
    frmLogin.rs.MovePrevious
    If frmLogin.rs.BOF Then frmLogin.rs.MoveFirst
    txtID.Text= frmLogin.rs("UID")
    txtName.Text= frmLogin.rs("UName")
    txtPassword.Text= frmLogin.rs("UPassword")
    Combo1.Text= frmLogin.rs("UType")
End Sub
```

'按钮"末一条"的代码
```
Private Sub cmdLast_Click()
    frmLogin.rs.MoveLast
    txtID.Text= frmLogin.rs("UID")
    txtName.Text= frmLogin.rs("UName")
    txtPassword.Text= frmLogin.rs("UPassword")
    Combo1.Text= frmLogin.rs("UType")
End Sub
```

'按钮"添加"的代码,把文本框清空,供用户输入新记录
```
Private Sub cmdAdd_Click()
    txtID.Text= ""
    txtName.Text= ""
    txtPassword.Text= ""
    Combo1.Text= ""
End Sub
```

'按钮"更新"的代码
```
Private Sub cmdUpdate_Click()
    frmLogin.rs.AddNew
    frmLogin.rs("UID")= txtID.Text
    frmLogin.rs("UName")= txtName.Text
    frmLogin.rs("UPassword")= txtPassword.Text
    frmLogin.rs("UType")= Combo1.Text
    frmLogin.rs.Update
End Sub
```

'按钮"取消"的代码
```
Private Sub cmdCancelUpdate_Click()
    txtID.Text= frmLogin.rs("UID")
    txtName.Text= frmLogin.rs("UName")
    txtPassword.Text= frmLogin.rs("UPassword")
    Combo1.Text= frmLogin.rs("UType")
End Sub
```

'按钮"删除"的代码,弹出对话框提示用户,如果用户选择"是",则删除
```
Private Sub cmdDelete_Click()
    Dim a As Integer
    a= MsgBox("你确实要删除当前记录吗?", vbYesNo+ vbDefaultButton2+ vbQuestion, "删除")
    If a= vbYes Then
        frmLogin.rs.Delete
        frmLogin.rs.MoveNext
        If frmLogin.rs.EOF Then frmLogin.rs.MoveLast
```

```
        End If
End Sub

'按钮"退出"的代码
Private Sub cmdExit_Click()
    frmUser.Hide
End Sub
```

第8章 借款管理模块设计

本章的教学目标：

- 理解 Sub 过程和 Function 过程的声明格式、它们的参数传递方式以及过程程序设计方法；
- 了解 VB 常用的内部函数；
- 掌握使用 DataGrid 控件显示记录集数据的方法；
- 掌握使用 ADO 对象的 Recordset 对象对记录集数据进行查找、过滤的方法。

8.1 目标任务

利用访问和修改数据库数据为银行贷款系统设计借款管理模块，主要负责借款信息的管理，包括"借款单"窗体和"借款单汇总"窗体。"借款单"窗体完成单条记录浏览借款信息，添加、删除和查找符合条件的借款信息；"借款单汇总"窗体以列表形式浏览所有借款信息，过滤符合条件的借款信息。

8.2 效果及功能

本程序用于实现借款信息管理，包括"借款单"窗体和"借款单汇总"窗体。

（1）"借款单"窗体

"借款单"窗体的外观效果及其所具有的功能与基本资料模块中的窗体类似，其界面如图 8.1 所示。下面只介绍增加的功能。

① 如果登录用户的类型为"经理"，则可查看所有借款信息；如果登录用户的类型为"经办人"，则只能查看该经办人添加的记录。

② 单击"更新"按钮，实现记录的更新操作。在更新前需判断主码是否唯一。"借款单"窗体显示数据库中 Loan 表的信息，该表主码为 LID。如果主码不唯一，则弹出对话框提醒用户并要求重新输入；如果主码唯一，则添加到记录集及数据库中。

③ 用户在查找条件文本框中输入查找条件，然后单击"查找"按钮，查找符合条件的记录。

（2）"借款人汇总"窗体

"借款人汇总"窗体以列表形式浏览所有借款信息，还可以过滤符合条件的借款信息。其外观效果如图 8.2 所示，功能如下。

① 单击"过滤"按钮，进行过滤操作。根据过滤条件文本框中输入的内容进行过滤。若过滤失败，使用消息框发布相关信息，并释放空过滤集，在 DataGrid 控件中显示全部数

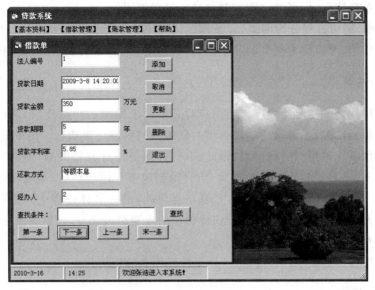

图 8.1 "借款单"窗体

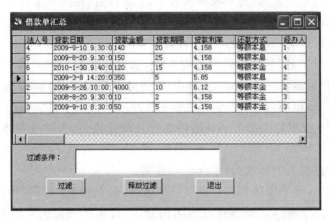

图 8.2 "借款人汇总"窗体

据。若过滤成功,则在 DataGrid 控件中显示过滤出的数据。

② 单击"释放过滤"按钮,释放过滤集,使表格中显示全部数据。

③ 单击"退出"按钮,关闭"借款人汇总"窗体,回到贷款系统主界面。

8.3 基础知识

8.3.1 过程与函数

VB 应用程序是由过程组成的。事件过程是对对象事件做出响应的程序段,这种事件过程构成了 VB 应用程序的主体。有时候,多个不同的事件过程可能需要使用一段相同或相似的程序代码,可以把这一段代码独立出来,作为一个过程。这一过程称"通用过程",它可以单独建立,供事件过程或其他通用过程调用。

在 VB 中,通用过程分为两类,即子程序(Sub 过程)和函数(Function 过程)。Sub 过程不直接返回值,可以作为独立的基本语句调用;而 Function 过程则要返回一个值。

1. 事件过程

事件过程就是事件驱动程序。当用户对某个对象发出一个动作时,或作用在某个对象上的事件被触发时,系统自动调用与该对象相关的事件过程执行。简单地说,事件过程就是响应对象事件时执行的代码段,因此,事件过程是与对象相关的,通常附加在窗体和控件等对象上。VB 根据对象的事件集合,自动创建事件过程模板,编程人员不能任意地添加或删除。虽然事件过程模板是 VB 自动创建的,但是事件过程中完成特定功能的代码是由编程人员编写的。事件过程是窗体模块的重要组成部分,通常只隶属于窗体模块,默认时是私有的(Private)。

由于事件过程附属于 VB 对象,所以事件过程名的构成为:

对象名_事件名

"对象名"是设置对象时,为对象起的名字。"事件名"是附属于该对象的事件的名称。窗体和控件对象的事件过程命名方式是不同的。

控件的事件过程名的形式为:控件对象名_事件名。

其中,"控件对象名"是在设置控件对象时,通过控件的"名称"属性为控件设置的名字。例如,当用户单击了一个命名为 cmdOK 的命令按钮之后,该按钮的单击事件被触发,VB 自动执行 cmdOK_Click()事件过程完成特定的功能。要强调的是,cmdOK_Click 事件过程名是 VB 根据对象的名字及事件集合自动创建的,当然过程体内的代码要由编程人员编写。

窗体的事件过程名的形式为:Form_事件名。

在应用程序中,每个窗体都有自己唯一的名字,也是由其"名称"属性设置的,然而窗体对象的名字不用于窗体对象事件过程名的命名,在窗体对象的事件过程名中用 Form 统一表示。例如,当用户单击了一个命名为 frmLogin 的窗体,VB 自动执行 Form_Click()事件过程完成特定的操作。

控件对象的事件过程语法形式为:

```
Private Sub 控件名_事件名()
    代码段
End Sub
```

窗体对象的事件过程语法形式为:

```
Private Sub Form_事件名()
    代码段
End Sub
```

在编写事件过程时,建议使用 VB 提供的事件过程模板。使用方法为:打开"代码窗口"的"对象"下拉列表框,选择准备编写事件过程的对象名,然后打开"过程"下拉列表框,选择相应的事件名,VB自动在"代码窗口"中生成该对象及所选事件的事件过程模板,然后在模板内编写代码。模板如图8.3所示。

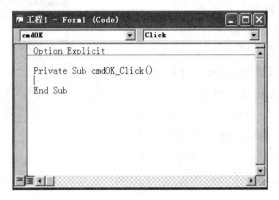

图8.3 "代码窗口"

2. 通用过程

在程序设计中将能完成指定功能的程序片断,按一定的形式组织成可被其他过程方便使用的独立程序单位称为通用过程。例如,判定一个整数是不是素数;求两个整数的最大公约数;求整数的阶乘;取出整数的某一位;两个变量交换;在指定数组中查找元素……这些独立的程序功能都可以被组织成通用过程。

创建通用过程的目的是实现共享。通用过程的特点是必须由其他事件过程或通用过程调用才能被执行,不能由任何对象的事件直接驱动。在一个工程中,通用过程可以被其他过程调用,从而实现共享,提高代码的可重用性。

(1) 通用过程的定义

通用过程分为两类:子过程(Sub)和函数过程(Function)。

子过程的语法形式如下:

[Private|Public] Sub 过程名([形式参数表])
    代码段
End Sub

函数过程的语法形式如下:

[Private|Public] Function 过程名([形式参数表]) [As 返回值类型]
    代码段
    过程名=返回值   '函数返回值语句
End Function

通用过程必须由编程人员创建,包括过程名和过程体内的代码。通用过程的命名要符合与 VB 有关的命名约定,但不受事件过程命名的约束。通用过程既可以放在窗体模块中,也可以放在标准模块中。创建通用过程的方法有两种。

① 使用"添加过程"对话框

a. 打开准备创建过程的"代码窗口"。

b. 选择"工具"菜单中的"添加过程"命令,打开"添加过程"对话框,如图 8.4 所示。

c. 在"名称"文本框中输入过程名。

d. 在"类型"单选钮组中选择"子程序"创建子过程(Sub);或选择"函数"创建函数过程(Function)。

e. 从"范围"单选钮组中选择"公有的"创建公有过程,可以被其他模块中的过程调用;或选择"私有的"创建私有过程,只能被本模块中的过程调用。

图 8.4 "添加过程"命令

f. 单击"确定"按钮,关闭"添加过程"对话框。

执行上述操作之后,"代码编辑窗口"中出现一个新的通用过程体。例如:

```
Private Sub Test()
End Sub
```

随后,编程人员就可以在过程体内部编写代码。

② 在"代码窗口"中直接输入过程名

a. 在"代码编辑窗口"中,将光标移到所有已有的过程之后。

b. 在光标处直接输入"Private Sub 过程名"或"Privarte Function 过程名",然后按"Enter"键。

执行上述操作之后,"代码窗口"中出现了一个新的通用过程体。例如:

```
Private Function Test()
End Function
```

(2) 形式参数

过程参数是为了在过程和父程序之间传递数据而设置的。各参数在被父程序调用时才从父程序处获得真正的值,因而在定义函数时参数是"形式上"的值称为形式参数,简称形参。函数被调用时形参从父程序处获得的真实值称为实际参数,简称实参。实参传递给形参的过程称为实形结合,加上过程处理结果返回父程序的过程统称过程的参数传递。过程参数传递是通用过程的重要内容。关于形参有如下几点说明:

① 形参之间以","分隔,由于形参是"形式上"的,因而形参的名字无关紧要,只要符合变量命名规则即可。

② 形参是局部性变量。它只有在过程运行期间才分配内存单元给形参,过程返回后形参单元空间被收回,因而它只在过程内有效。

③ 必须说明形参的数据类型。形参的个数必须与父程序的实参一一对应,数据类型完全相同。

(3) 子过程的调用

在程序的执行过程中,过程必须通过使用调用语句才能被其他过程调用,才能被执行。父程序对过程的使用过程称为过程调用,任何程序都可以通过对过程的调用使用过

程的功能,从而简化自己的程序设计。子过程的调用形式为:

```
Call 过程名([实际参数表])
```

VB 中过程的调用与过程的执行是严格按如下步骤进行的。了解它们对理解过程的参数传递有所帮助。

① 为过程的形参分配内存空间;

② 计算实参表达式的值,并将实参表达式的值赋给对应的形参;

③ 为过程的局部变量分配内存空间;

④ 执行过程体内的语句片段;

⑤ 过程体执行完毕或执行了 End Sub 语句后,释放为这次过程调用分配的全部内存空间;

⑥ 返回父程序的调用语句处,继续执行父程序。

(4) 函数的调用

函数与子过程的主要区别是,函数可以向父程序返回一个值,而子过程不能。因此,可以将函数返回值输出或保存在变量中。若在定义函数时,没有通过 As 子句指定函数返回值数据类型,则默认为变体型(Variant)。函数的语句形式为:

```
[Private|Public] Function 过程名([形式参数表]) [As 返回值类型]
    代码段
    过程名=返回值                        '函数返回值语句
End Function
```

由于函数过程有返回值,所以在父程序中应使用变量保存返回值,或者把返回值输出,使用变量保存返回值的调用形式为:

```
变量名=函数名([实际参数表])
```

例 8.1 下面给出了程序中调用 max 函数的全过程说明。

```
Private Sub Command1_Click()
    Dim a As Single, b As Single, c As Single
    a=19.8
    b=-98.8
    c=max(a, b)
    Print "max(a,b)=" & c
End Sub

Private Function max(ByVal x As Single, ByVal y As Single) As Single
    Dim z As Single
    z=x
    If x <y Then z=y
    max=z
End Function
```

① 为 max() 的形参 x,y 分配内存空间。

② 将实参值(a=19.8，b=−98.8)分别赋给形参 x、y，使 x=19.8，y=−98.8。

③ 为函数内定义的局部性变量 z 分配空间。

④ 执行函数体语句使 z=19.8。

⑤ 执行函数返回值语句 max=z 将表达式 z 的值 19.8 作为返回值返回调用位置，即父程序中调用 max(a,b) 处为返回值 19.8。函数释放为它分配的变量 x,y,z 的内存空间。

⑥ 程序返回父程序继续执行。即继续执行 c=19.8;及以后语句将 c 的值打印出来。

(5) 参数传递方式

过程调用时的一个重要工作是将实参值赋给形参(又称实形结合、参数传递)，实际中既可将实参变量的值传给形参(称为传值方式)，也可以将实参变量的地址传给形参(称为传地址方式)，这两种实形结合方式有着本质区别。

例 8.2 试图用子过程 swap() 将两实参变量的值交换。

程序 1

```
Private Sub swap(ByVal x As Integer, ByVal y As Integer)
    Dim z As Integer
    z=x: x=y: y=z
    Print "x=" & x & "   y=" & y
End Sub

Private Sub Command1_Click()
    Dim a As Integer, b As Integer
    a=10
    b=20
    Print "a=" & a & "   b=" & b
    Call swap(a, b)
    Print "a=" & a & "   b=" & b
End Sub
```

程序 1 执行结果如图 8.5 所示。

在父程序(按钮的单击事件过程)中系统为变量 a,b 分配了单元并赋予了值 10,20，并将其打印结果为图 8.5 第一行 a=10 b=20。在调用子过程 swap() 后系统为 swap() 的形参 x,y 又分配了内存单元，并将实参 a,b 的值通过传值方式赋予形参 x,y,之后又分配了 z 单元,此时内存如图 8.6(a) 所示。子过程 swap() 中将形参 x,y 的内容进行了交换,如图 8.6(b) 所示,并将其打印,结果为图 8.5 第二行 x=20 y=10。之后 End Sub 语句将子过程中开设的单元 x,y,z 释放。子过程中对形参的值交换并未引起实参 a,b 值的交换,返回父程序后再打印 a,b 值不变,结果为图 8.5 第三行 a=10 b=20。

由此看出通过传值方式对形参的处理并不能影响与之结合的实参。通俗地讲就是传值方式不能将"形参的值""传回"父程序中的实参。

现将子过程 swap() 中形参的 ByVal 改为 ByRef,这样参数传递方式就改为传地址的方式。如果形参名前不写，默认是 ByRef 传地址方式。

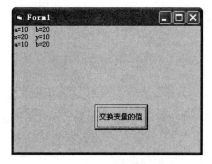

图 8.5　程序 1 的执行结果

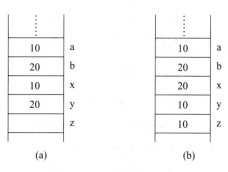

图 8.6　传值方式

程序 2

```
Private Sub swap(ByRef x As Integer, ByRef y As Integer)
    Dim z As Integer
    z=x: x=y: y=z
    Print "x=" & x & "   y=" & y
End Sub

Private Sub Command1_Click()
    Dim a As Integer, b As Integer
    a=10
    b=20
    Print "a=" & a & "   b=" & b
    Call swap(a, b)
    Print "a=" & a & "   b=" & b
End Sub
```

图 8.7　程序 2 的执行结果

程序 2 执行结果如图 8.7 所示。

父程序中为变量 a,b 分配了单元并假设单元地址为 2000 和 2004,子过程调用时将实参的地址 2000,2004 传给了形参 x,y,如图 8.8 左部所示。子过程 swap()对形参 x,y 的处理是将 x 所指对象(即 a 变量)与 y 所指对象(即 b 变量)的内容进行交换,如图 8.8 右部所示。之后 x,y,z 单元被释放。子过程返回后实参单元 a,b 的值被交换。

2000	10	a	2000	20	a
2004	20	b	2004	10	b
2008	2000	x	2008	2000	x
2012	2004	y	2012	2004	y
2016		z	2016	10	z
2020			2020		

图 8.8　传递地址方式

由此看出通过传实参地址的方法在过程中由形参对实参进行间接操作,使过程中对实参单元进行的处理可以将"形参的值""传回"父程序中的实参。

3. 过程程序设计

过程程序设计要掌握下列三条原则:

(1) 必须了解开发环境所能提供的系统函数。只有知道了系统函数,才能知道在编程中用到的哪些功能函数系统已提供,可以直接调用,而哪些功能函数必须自己设计。

(2) 如何设计给定功能的过程,设计必须严格按如下步骤进行。

① 清楚知道过程所要完成的功能,如判素数、字符串合并、两变量交换、数组的排序等。

② 入口参量设计。入口参量是父程序传递给过程并由过程进行处理的数据,如判素数的过程必须有一个待判定的正整数作为入口参数;字符串合并过程必须传入两个字符串……入口参量设计要说明参数个数、传递方式、形参名、参数含义。

③ 出口参量设计。出口参量是过程的处理结果并传给父程序的数据,如判素数过程中的标志(False-非素数,True-素数)。出口参量设计要说明出口参量个数、参量传递方式和参量含义。过程的出口参量在只有一个时,采用函数返回执行结果;但若多于一个或对于数组本身的处理问题,则多采用在子过程中传地址的形参传递方式。

④ 写出正确的过程头描述。过程头是过程功能与设计的一种综合体现,既是前面过程的功能、入口、出口的设计结果,又是后面程序设计的依据,还是其他程序调用过程的技术说明书。

⑤ 过程体设计。与普通的程序设计没有什么差别,只要掌握了前面章节的编程方法,就可以方便地完成过程体设计而最终完成过程设计。

(3) 如何划分过程。

由于设计过程的目的是为总体程序设计服务,所以对问题进行分析与细化时,发现某个局部子问题是多次用到的且(或)相对独立的,便可考虑这一独立的子功能用过程实现。设计过程有利于简化程序,增加程序可读性,使程序结构更清晰,有助于程序调试,便于功能共享等许多优点,会划分子功能并设计过程是优秀程序设计人员必须做到的。应当说明的是绝大多数程序设计问题并非一定要用过程实现,但使用过程会使程序更完美。

例 8.3 设计过程计算 n!

以下是设计过程:

(1) 明确过程功能

求一个正整数的阶乘。

(2) 入口参数

- 参量个数:1 个
- 形参名:n
- 类型:Integer 型
- 参数传递方式:传值方式。

- 参数含义：本过程求 n!
- 边界条件（即要求实参必须满足的数据范围）：正整数。

（3）出口参数

- 参数个数：1 个
- 类型：Double 型
- 参数传递方式：函数返回值方式。
- 参数含义：n!

（4）过程头描述

```
Private Function fact(ByVal n As Integer) As Double
```

（5）过程体设计

读者可轻松地完成求阶乘程序设计。

程序

```
Private Function fact(ByVal n As Integer) As Double
    Dim r As Double
    Dim i As Integer
    r=1
    If n < 0 Then
        fact=0
    ElseIf n=0 Then
        fact=1
    Else
        For i=1 To n
            r=r * i
        Next
        fact=r
    End If
End Function
'调用此函数的父程序
Private Sub Command1_Click()
    Dim n As Integer
    Dim result As Double
    n=CInt(InputBox("输入一个整数"))
    result=fact(n)
    Print result
End Sub
```

例 8.4 设计过程求一维数组中的最大值和最小值。

以下为设计过程。

（1）入口参数

浮点型一维数组，以传数组首地址方式传入过程，数组长度即元素个数 n 以传值方式传入过程。

（2）出口参数

求得的最大值、最小值以传地址方式通过形参表传回，因此采用子过程。

（3）过程头描述

```
Private Sub MaxMin(b() As Double, ByVal n As Integer, max As Double, min As Double)
```

（4）过程体设计

程序

```
Private Sub MaxMin(b() As Double, ByVal n As Integer, max As Double, min As Double)
    Dim i As Integer
    max=b(0)
    min=b(0)
    For i=0 To n-1
        If b(i) >max Then max=b(i)
        If b(i) <min Then min=b(i)
    Next
End Sub
'调用子过程的父程序
Private Sub Command1_Click()
    Dim a() As Double
    Dim n As Integer
    Dim b As Double
    Dim c As Double
    Dim i As Integer
    n=CInt(InputBox("请输入数组的元素个数"))
    ReDim a(n-1)
    For i=0 To n-1
        a(i)=CDbl(InputBox("请输入一个浮点数"))
    Next
    Call MaxMin(a, n, b, c)
    Print "最大值=" & b & "   最小值=" & c
End Sub
```

例 8.5   求 6～200 之内所有偶数的"哥德巴赫"数对（"哥德巴赫"猜想：每一个不小于 6 的偶数都可以表示为两个奇素数之和的形式）。

以下是设计过程。

（1）明确过程功能

把 6～200 之内所有偶数表示为两个奇素数之和的形式。

（2）入口参数

• 参量个数：1 个

• 形参名：k

• 类型：Integer 型

• 参数传递方式：传值方式。

• 154 •

- 参数含义：待分解的偶数

（3）出口参数

- 参数个数：2 个
- 类型：Integer 型
- 参数传递方式：传地址方式，采用子程序。
- 参数含义：k1、k2 分别表示两个求得的奇素数。

（4）过程头描述

```
Private Sub Gdbh(ByVal k As Integer, ByRef k1 As Integer, ByRef k2 As Integer)
```

（5）过程体设计

请读者按照前面章节介绍的程序设计方法自行完成过程体设计。

程序

```
'调用 Gdbh 子过程的父程序
Private Sub cmdCaculate_Click()
    Dim t As Integer, t1 As Integer, t2 As Integer
    For t= 6 To 200 Step 2
        Call Gdbh(t, t1, t2)
        List1.AddItem t & "=" & t1 & "+" & t2
    Next
End Sub
'求哥德巴赫数对的子过程
Private Sub Gdbh(ByVal k As Integer, ByRef k1 As Integer, ByRef k2 As Integer)
    For k1= 3 To k / 2 Step 2
        k2= k- k1
        If IsPrime(k1) And IsPrime(k2) Then Exit For
    Next
End Sub
'判断一个数是不是素数的函数
Private Function IsPrime(m As Integer) As Boolean
    Dim flag As Boolean, i As Integer
    flag= True
    For i= 2 To Sqr(m)
        If m Mod i= 0 Then
            flag= False
            Exit For
        End If
    Next
    IsPrime= flag
End Function
```

8.3.2　VB 常用内部函数

过程是完成特定功能的代码段。在应用程序中使用一个过程时，通常需要按照过程的调用规则,给出过程名、所需要的参数,就可以得到过程值。

在 VB 中有两类过程:一类是用户根据应用需求自定义的过程,有关内容参见本章8.3.1 小节;另一类是系统函数,也称为内部函数。系统函数是由 VB 提供的,涉及数学运算、数据类型转换、字符串操作、日期时间处理等许多方面,为应用程序的开发提供了极大方便。本节将介绍一些常用的系统函数。

1. 数学运算函数

数学运算函数主要用于各种数学运算。常用的数学运算函数如表 8.1 所示。

表 8.1　常用数学运算函数

函数	说　　明	函数	说　　明
Sin	正弦函数	Exp	求 e 的指定次幂函数
Cos	余弦函数	Log	自然对数函数
Atn	反正切函数	Sqr	平方根函数
Tan	正切函数	Int	求不大于给定数的最大整数
Abs	求绝对值函数	Fix	求给定数的整数部分

2. 字符串运算函数

使用 VB 提供的字符串运算函数,使应用程序具有强大的字符串处理能力。常用的字符串运算函数如表 8.2 所示。

表 8.2　常用字符串运算函数

函数	说　　明
Ltrim	返回删除字符串左端空格后的字符串结果
Rtrim	返回删除字符串右端空格后的字符串结果
Trim	返回删除字符串左端和右端空格后的字符串结果
Left	返回从字符串左边开始的指定数目的字符
Right	返回从字符串右边开始的指定数目的字符
Mid	返回从字符串指定位置开始,指定数目的字符
Len	求字符串的长度
Str	将数值型数据转换为数字字符串
Val	将数字字符串转换为相应的数值

3. 日期和时间函数

在应用程序中使用日期和时间函数可以得到当前的日期和时间。常用的日期和时间函数如表 8.3 所示。

4. 数据类型转换函数

在 VB 中,一些数据类型可以实现自动转换,如数字字符串与数值之间可以自动转换。但是大部分数据类型不能实现自动转换,因此在应用程序中若要进行数据类型的转换,需要借助 VB 提供的类型转换函数的帮助。常用的类型转换函数如表 8.4 所示。

表 8.3 常用日期和时间函数

函数	说　　明
Now	以 yy-mm-dd hh:mm:ss 的格式返回系统当前日期和时间
Date	以 yy-mm-dd 的格式返回系统当前日期
Day	返回每月中的第几天
WeekDay	返回星期几
Month	返回月份
Year	以 yyyy 的格式返回年份
Time	以 hh:mm:ss 的格式返回系统当前时间
Hour	返回小时
Minute	返回分钟
Second	返回秒

表 8.4 常用数据类型转换函数

函数	说　　明	函数	说　　明
CBool	转换为 Boolean 型	CLng	转换为 Long 型
CByte	转换为 Byte 型	CSng	转换为 Single 型
CCur	转换为 Currency 型	CStr	转换为 String 型
CDbl	转换为 Double 型	CVar	转换为 Variant 型
CInt	转换为 Integer 型	CVErr	转换为错误值

5. 随机数语句和函数

在一些应用中,尤其是测试、模拟或游戏等应用中,经常要使用随机数。VB 提供了相关的语句和函数用于在应用中获取随机数,如表 8.5 所示。

表 8.5 随机数语句和函数

函数	说　　明
Randomize 语句	重新初始化随机数生成器,产生随机数种子值。用于产生不同的随机数序列。
Rnd 函数	产生 0~1 之间的随机数。

8.3.3 DataGrid 控件的使用

利用文本框可以对数据源的数据进行操作,但是只能一条一条(称为单记录)地查看数据库中的记录。如果希望窗体中显示多条记录的详细信息,而不只是单记录的查看,那么可以使用 DataGrid 控件以及其他表格控件,以表格方式显示多条记录,达到纵观全局的效果。

DataGrid 控件以表格的形式显示多条记录,并且允许用户通过滚动条浏览数据,同时也可以进行记录的添加、修改、删除等编辑操作。

但是 DataGrid 控件是 Activex 控件,在"工具箱"中找不到,因此在使用之前需要将其加载入"工具箱"中。单击"工程"菜单中的"部件"命令,在打开的"部件"对话框中选中"Microsoft DataGrid Control 6.0(OLEDB)"选项。

DataGrid 控件是绑定控件,实现与数据源绑定功能的重要属性是 DataSource 属性。DataSource 属性用于设定数据源(记录集),其取值为 RecordSet 对象类型的变量名,语句形式为:

```
Set DataGrid控件名.DataSource=RecordSet 变量名
```

利用 DataGrid 控件对记录集数据进行编辑,首先必须设定 DataGrid 控件的相关属性。设置步骤为:

(1) 在窗体上放置 DataGrid 控件。在 DataGrid 控件上单击鼠标右键,弹出菜单。

(2) 在弹出菜单上单击"属性"命令,打开 DataGrid 控件"属性页"对话框,如图 8.9 所示。

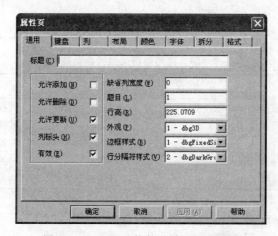

图 8.9 DataGrid 控件"属性页"对话框

(3) 在"属性页"对话框上选择"通用"选项卡。设置以下属性:

AllowAddNew 属性:允许添加新记录。

AllowDelete 属性:允许删除记录。

AllowUpdate 属性:允许更新修改记录。

ColumnHeaders 属性:决定是否显示字段名称。

Enabled 属性:运行时能否操作 DataGrid 控件,如移动数据区的滚动条等。

(4) 单击"属性页"对话框上的"确定"按钮,关闭该对话框,完成相关属性的设置。

8.4　实现步骤

1. 界面设计及实现

(1)"借款单"窗体设计

"借款单"窗体完成借款信息的浏览、添加和删除操作,其界面设计如图 8.1 所示,窗体和控件的属性设置如表 8.6 所示。

表 8.6 "借款单"窗体和控件的属性设置

对象名	属性名	属性取值	对象名	属性名	属性取值
窗体 Form	名称(Name)	frmLoan	命令按钮 2	名称(Name)	cmdCancelUpdate
	Caption	借款单		Caption	取消
	MDIChild	True	命令按钮 3	名称(Name)	cmdUpdate
标签 1	Caption	借款单号		Caption	更新
标签 2	Caption	法人编号	命令按钮 4	名称(Name)	cmdDelete
标签 3	Caption	贷款日期		Caption	删除
标签 4	Caption	贷款金额	命令按钮 5	名称(Name)	cmdExit
标签 5	Caption	贷款期限		Caption	退出
标签 6	Caption	贷款年利率	命令按钮 6	名称(Name)	cmdFirst
标签 7	Caption	还款方式		Caption	第一条
标签 8	Caption	经办人	命令按钮 7	名称(Name)	cmdNext
文本框 1	名称(Name)	txtLID		Caption	下一条
文本框 2	名称(Name)	txtEID	命令按钮 8	名称(Name)	cmdPrevious
文本框 3	名称(Name)	txtDate		Caption	上一条
文本框 4	名称(Name)	txtAmount	命令按钮 9	名称(Name)	cmdLast
文本框 5	名称(Name)	txtTerm		Caption	末一条
文本框 6	名称(Name)	txtRate	标签 9	Caption	查找条件:
文本框 7	名称(Name)	txtRepayment	文本框 9	名称(Name)	txtFind
文本框 8	名称(Name)	txtUserID	命令按钮 10	名称(Name)	cmdFind
命令按钮 1	名称(Name)	cmdAdd		Caption	查找
	Caption	添加			

(2)"借款单汇总"窗体设计

"借款单汇总"窗体列表查看所有借款单信息,还可以过滤符合输入条件的记录,其界面设计如图 8.2 所示,窗体和控件的属性设置如表 8.7 所示。

表 8.7 "借款单汇总"窗体和控件的属性设置

对象名	属性名	属性取值	对象名	属性名	属性取值
窗体 Form	名称(Name)	frmLoanS	命令按钮 1	名称(Name)	cmdFiter
	Caption	借款单汇总		Caption	过滤
	MDIChild	True	命令按钮 2	名称(Name)	cmdCancelFiter
DataGrid 控件	名称(Name)	Dg1		Caption	释放过滤
标签 1	Caption	过滤条件:	命令按钮 3	名称(Name)	cmdExit
文本框 1	名称(Name)	txtFilter		Caption	退出

2. 编写事件过程

在第 7 章中使用文本框显示当前记录相应字段信息,这样的代码在多处用到。学完本章后,代码可以放在通用过程中,在使用的地方调用即可。以下是实现此功能的子过程,该过程中调用了 Convert 函数,其功能是当数据库中某字段的值为空即 NULL 时,函数将其转换为空串"",这是因为系统不能自动将 NULL 转换为空字符串。

```
Private Sub Display()
    txtLID.Text=Convert(rs2("LID"))
    txtEID.Text=Convert(rs2("EID"))
    txtDate.Text=Convert(rs2("LDate"))
    txtAmount.Text=Convert(rs2("LAmount"))
    txtTerm.Text=Convert(rs2("LTerm"))
    txtRate.Text=Convert(rs2("LRate"))
    txtRepayment.Text=Convert(rs2("LRepayment"))
    txtUserID.Text=Convert(rs2("UserID"))
End Sub

Private Function Convert(val As Variant) As String
    If IsNull(val) Then
        Convert=""
    Else
        Convert=CStr(val)
    End If
End Function
```

下面分析在更新前,判断主码唯一性的实现方法。这是一段独立功能的代码,因此可以考虑使用通用过程,按照过程程序设计的步骤进行分析。

（1）明确过程功能

判断用户在文本框 txtLID 中输入的信息在数据库中是否已存在。

（2）入口参数

• 参量个数：1 个

• 形参名：val

• 类型：String 型

• 参数含义：代表用户在文本框 txtLID 中输入的内容。

（3）出口参数

• 参数个数：1 个

• 类型：Boolean 型

• 参数传递方式：函数返回值方式。

• 参数含义：为 True 表示用户输入的主码唯一,否则不唯一。

（4）过程头描述

```
Private Function IsUnique(val As String) As Boolean
```

（5）过程体设计

```
Private Function IsUnique(val As String) As Boolean
    Dim flg As Boolean
```

```
        flg=True
        rs2.MoveFirst
        Do While rs2.EOF=False
            If val=rs2("LID") Then
                flg=False
                Exit Do
            End If
            rs2.MoveNext
        Loop
        rs2.MoveFirst
        IsUnique=flg
End Function
```

以下列出各窗体的代码。

（1）"借款单"窗体代码

```
Public rs2 As New ADODB.Recordset

'打开新记录集的代码最好放在第一个窗体即 frmLogin 上
Private Sub Form_Load()
    Dim s As String
    If frmLogin.userType="经理" Then
        s="Loan"
    Else
        s="select * from Loan where UID=" & frmLogin.uid
    End If
    rs2.CursorLocation=adUseClient
    rs2.Open s, frmLogin.con, adOpenStatic, adLockOptimistic
    Call Display
End Sub

Private Sub Display()
    txtLID.Text=Convert(rs2("LID"))
    txtEID.Text=Convert(rs2("EID"))
    txtDate.Text=Convert(rs2("LDate"))
    txtAmount.Text=Convert(rs2("LAmount"))
    txtTerm.Text=Convert(rs2("LTerm"))
    txtRate.Text=Convert(rs2("LRate"))
    txtRepayment.Text=Convert(rs2("LRepayment"))
    txtUserID.Text=Convert(rs2("UserID"))
End Sub

Private Function Convert(val As Variant) As String
    If IsNull(val) Then
        Convert=""
```

```vb
        Else
            Convert=CStr(val)
        End If
End Function


Private Sub cmdFirst_Click()
    rs2.MoveFirst
    Call Display
End Sub


Private Sub cmdNext_Click()
    rs2.MoveNext
    If rs2.EOF Then rs2.MoveLast
    Call Display
End Sub


Private Sub cmdPrevious_Click()
    rs2.MovePrevious
    If rs2.BOF Then rs2.MoveFirst
    Call Display
End Sub


Private Sub cmdLast_Click()
    rs2.MoveLast
    Call Display
End Sub


Private Sub cmdAdd_Click()
    txtLID.Text=""
    txtEID.Text=""
    txtDate.Text=""
    txtAmount.Text=""
    txtTerm.Text=""
    txtRate.Text=""
    txtRepayment.Text=""
    txtUserID.Text=""
End Sub


Private Sub cmdCancelUpdate_Click()
    Call Display
End Sub


Private Sub cmdUpdate_Click()
    If IsUnique(txtLID.Text)=False Then
```

```
            MsgBox ("主码不唯一,请重新输入法人号和贷款日期!"), vbExclamation, "提示"
            txtLID.SetFocus
        Else
            rs2.AddNew
            rs2("LID")=txtLID.Text
            rs2("EID")=txtEID.Text
            rs2("LDate")=txtDate.Text
            rs2("LAmount")=txtAmount.Text
            rs2("LTerm")=txtTerm.Text
            rs2("LRate")=txtRate.Text
            rs2("LRepayment")=txtRepayment.Text
            rs2("UserID")=txtUserID.Text
            rs2.Update
        End If
End Sub


Private Function IsUnique(val As String) As Boolean
    Dim flg As Boolean
    flg=True
    rs2.MoveFirst
    Do While rs2.EOF=False
        If val=rs2("LID") Then
            flg=False
            Exit Do
        End If
        rs2.MoveNext
    Loop
    rs2.MoveFirst
    IsUnique=flg
End Function


Private Sub cmdDelete_Click()
    Dim a As Integer
    a=MsgBox("你确实要删除当前记录吗?", vbYesNo+vbDefaultButton2+_ vbQuestion, "删除")
    If a=vbYes Then
        rs2.Delete
        rs2.MoveNext
        If rs2.EOF Then rs2.MoveLast
    End If
    Call Display
End Sub


Private Sub cmdExit_Click()
    Me.Hide
```

```
End Sub

Private Sub cmdFind_Click()
    Dim b As Variant
    Dim a As Integer
    If txtFind.Text= "" Then
        MsgBox "请输入查找条件", vbExclamation, "查找"
        txtFind.SetFocus
    Else
        b= rs2.Bookmark
        rs2.Find (txtFind.Text)
        If rs2.EOF Then
            a=MsgBox("已经搜索到最后一条,是否从第一条重新开始?", vbYesNo+_
            vbQuestion, "查找")
            If a= vbYes Then
                rs2.MoveFirst
            Else
                rs2.Bookmark=b
            End If
        End If
    End If
    Call Display
End Sub
```

(2) "借款单汇总"窗体代码

```
Private Sub Form_Load()
    Call InitDg
End Sub


Private Sub InitDg()
    Set Dg1.DataSource= frmLoan.rs2
    Dg1.Columns(0).Caption= "借款单号"
    Dg1.Columns(1).Caption= "法人号"
    Dg1.Columns(2).Caption= "贷款日期"
    Dg1.Columns(3).Caption= "贷款金额"
    Dg1.Columns(4).Caption= "贷款期限"
    Dg1.Columns(5).Caption= "贷款利率"
    Dg1.Columns(6).Caption= "还款方式"
    Dg1.Columns(7).Caption= "经办人"
End Sub


Private Sub cmdFilter_Click()
    If txtFilter.Text= "" Then
        MsgBox "请输入过滤条件!", vbExclamation, "过滤"
```

```
            txtFilter.SetFocus
        Else
            frmLoan.rs2.Filter=txtFilter.Text
            If frmLoan.rs2.EOF Then
                MsgBox "过滤失败!", vbExclamation, "提醒"
                frmLoan.rs2.Filter=adFilterNone
                Call InitDg
            End If
        End If
End Sub

Private Sub cmdCancelFilter_Click()
    frmLoan.rs2.Filter=adFilterNone
    Call InitDg
End Sub

Private Sub cmdExit_Click()
    frmLoanS.Hide
End Sub
```

第 9 章 账款管理模块设计

本章的教学目标：

- 了解复选框、单选钮、框架、列表框和列表视图等 VB 常用控件的使用方法；
- 了解商业贷款的计算方法。

9.1 目标任务

利用访问和修改数据库数据为银行贷款系统设计账款管理模块，主要负责还款信息的管理，包括"还款明细"窗体、"还款汇总"窗体和"贷款计算"窗体。"还款明细"窗体完成单条记录浏览还款信息，添加、删除和过滤符合条件的还款信息；"还款汇总"窗体以列表形式浏览所有还款信息，过滤符合条件的还款信息；"贷款计算"窗体中输入贷款方式、贷款总额、贷款期限以及贷款年利率，可以计算每月的偿还利息、偿还本金和剩余本金，还可以计算还款总额以及支付的利息总和。

9.2 效果及功能

本程序是实现还款信息管理，包括"还款明细"窗体（见图 9.1）、"还款汇总"窗体和"贷款计算"窗体。

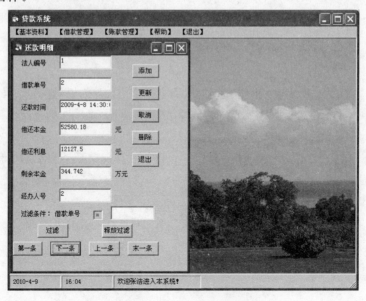

图 9.1 "还款明细"窗体

(1)"还款明细"窗体

"还款明细"窗体完成单条记录浏览还款信息,添加、删除和过滤符合条件的还款信息。本窗体访问数据库的"Repayment"表,界面中的文本框显示相应字段的值。这里注意单击"添加"按钮,操作人员手工输入法人编号、借款单号、还款时间、偿还利息、偿还本金以及经办人号,其中"剩余本金"文本框不能输入只能输出,其值自动计算,等于用户上次还款后剩余本金减去本次所还本金。

(2)"还款汇总"窗体

"还款汇总"窗体以列表框形式浏览所有还款信息,还可以过滤符合条件的还款信息。外观效果如图 9.2 所示。

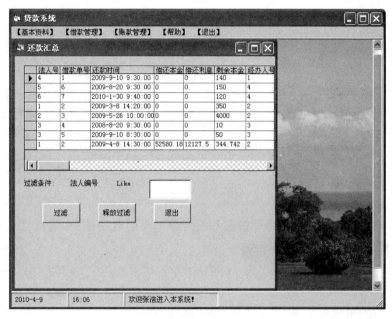

图 9.2 "还款汇总"窗体

(3)"贷款计算"窗体

在"贷款计算"窗体中输入贷款方式、贷款总额、贷款期限以及贷款年利率,单击"计算"按钮,计算每月的偿还利息、偿还本金以及剩余本金,还可以计算还款总额以及支付的利息总和(见图 9.3)。"还款方式"组合框有两个固定的选项,分别是"等额本息"和"等额本金",前者是默认值。"贷款金额"以"万元"为单位。"贷款期限"可通过单选钮选择以"年"或者"月"为单位。"贷款年利率"默认值为 4.158。"还款总额"和"支付利息"两个文本框不能输入,其值是通过程序自动计算出来的。用户输入前四项后,单击"计算"按钮,在"还款总额"和"支付利息"两个文本框中输出值,并在下面的 ListView 控件中显示每月还款的详细信息。

图 9.3 "贷款计算"窗体

9.3 常用控件

本节介绍除标签、文本框、命令按钮和组合框以外的常用控件,包括复选框、单选钮、框架、列表框和列表视图。

1. 复选框(CheckBox)

在客观世界中经常会出现"是/否"、"真/假"或"开/关"等状态。VB 中的复选框控件可以用来描述上述状态,并且使用户通过操作复选框控件在这些状态之间进行切换。在应用程序界面,复选框控件可以向用户提供单一选项或几个不同的选项。对于实现不同功能或描述不同状态的选项,用户可以从中选择其一,也可以选择多项,甚至可以全部选中。

复选框(CheckBox)控件的属性决定复选框的外观和行为特征,这些特征包括复选框的大小、在窗体上的位置等。VB 为复选框定义了许多属性,其中一些常用属性包括 BackColor、ForeColor、Font、Height、Width、Top、Left、ToolTipText、Picture、Enabled、Visible 等,上述属性与前面学习的控件的同名属性功能相同,在本节中不再介绍。本节中只介绍其他几个常用的属性。

复选框的常用属性如表 9.1 所示。

复选框的常用事件如表 9.2 所示。

表 9.1　复选框的常用属性

属性名称	说　明
名称(Name)	设置复选框控件的名字,默认值为 Check1。
Caption	设置复选框上显示的标题文本,主要用于说明复选框的功能和用途。
Value	设置复选框控件所处的状态,即在运行时,表示复选框是否正处于被选定、未被选定或被禁止的状态。取值为 0(vbUnchecked,默认值)表示复选框未被选定;取值为 1(vbCkeched)表示复选框被选定;取值为 2(vbGrayed)表示复选框处于被禁止状态。
Alignment	设置复选框标题中文本的对齐方式。取值为 0(LeftJustify,默认值)表示左对齐;取值为 1(RightJustify)表示右对齐。

表 9.2　复选框的常用事件

事件名称	说　明
Click	单击鼠标触发。一般在复选框控件的 Click 事件过程中,根据其 Value 属性的取值,判断复选框所处的状态,从而决定复选框执行的操作。注意:复选框没有 DblClick 事件。

例 9.1　用复选框控件实现文本框中正文字体风格的选择。文本框中的正文可以分别为粗体或斜体或下划线,可以是任意两种状态的组合,也可以同时具有三种状态。

其设计步骤如下。

(1)界面设计。窗体上放置一个文本框、三个复选框和一个命令按钮。文本框用于获取用户输入的信息,三个复选框用于设置文本框中正文的风格,分别为粗体、斜体和下划线。命令按钮用于结束应用程序的运行。界面设计如图 9.4所示,窗体及控件的属性设置如表 9.3 所示。

图 9.4　例 9.1 的界面设计

表 9.3　例 9.1 窗体及控件的属性设置

对象名	属性名	属性取值	对象名	属性名	属性取值
窗体 Form	名称(Name)	Form1		Caption	下划线(&U)
	Caption	字体风格	命令按钮 1	名称(Name)	cmdCancel
复选框 1	名称(Name)	chkBold		Caption	退出
	Caption	粗体(&B)	文本框 1	名称(Name)	Text1
复选框 2	名称(Name)	chkItalic		MultiLine	True
	Caption	斜体(&I)		ScrollBars	3
复选框 3	名称(Name)	chkUnderline			

(2)编写程序代码如下:

```
Private Sub chkBold_Click()
    If chkBold.Value=1 Then
        Text1.FontBold=True
```

```
        Else
            Text1.FontBold=False
        End If
    End Sub

    Private Sub chkItalic_Click()
        If chkItalic.Value=1 Then
            Text1.FontItalic=True
        Else
            Text1.FontItalic=False
        End If
    End Sub

    Private Sub chkUnderline_Click()
        If chkUnderline.Value=1 Then
            Text1.FontUnderline=True
        Else
            Text1.FontUnderline=False
        End If
    End Sub

    Private Sub cmdCancel_Click()
        End
    End Sub
```

（3）保存工程。

（4）运行工程。在窗体上单击"粗体"、"斜体"和"下划线"复选框，则文本框的内容同时具有三种状态，如图 9.5 所示。单击"退出"按钮，则结束整个应用程序的运行。

图 9.5　例 9.1 运行结果

2. 单选钮（OptionButton）

单选钮控件与复选框控件的用途很相近，也是用来描述"是/否"、"真/假"、"开/关"等状态的，并能从多种状态或用途中选择。但是二者也有区别：复选框可以从多个选项中选一个或多个或全部；单选钮只能从多个选项中选择一项，而当该项被选中之后，其他单选钮选项被自动禁止，不能被操作。

在实际应用中，经常利用容器控件将单选钮划分为组的形式被使用。有关单选钮组的内容将在下一知识点中介绍。

单选钮的常用属性如表 9.4 所示。

单选钮的常用事件如表 9.5 所示。

表 9.4　单选钮的常用属性

属性名称	说　　明
名称（Name）	设置单选钮控件的名字，默认值为 Option1。
Caption	设置单选钮上显示的标题文本，主要用于说明单选钮的功能和用途。
Value	设置单选钮控件所处的状态。即在运行时，表示单选钮是否正处于被选中或未被选中的状态。Value 属性取值为布尔型，取值为 True 或 False，默认值为 False。当单选钮被选中时，Value 值被设置为 True；而当单选钮没有被选中时，Value 属性值被设置为 False。
Enabled	Enabled 属性设置单选钮在运行时能否响应事件，即是否禁止对单选钮的操作。Enabled 属性的取值为 True 或 False，默认值为 True。取值为 True 表示能够响应事件，单选钮未被禁止；取值为 False 表示不能响应事件，此时单选钮可见，但是已经变为灰色，处于被禁止的状态。

表 9.5　单选钮的常用事件

事件名称	说　　明
Click	单击鼠标触发。在运行时，当单选钮处于可接收事件的状态下（即单选钮的 Enabled 属性设为 True 时），用户单击单选钮时，触发单选钮的 Click（单击）事件，此时 VB 自动执行相应的事件过程，完成特定的操作。单选钮有 DblClick 事件，但是最常用的仍是 Click（单击）事件。

　　例 9.2　用单选钮控件实现文本框中正文字体大小的转换。因为文字的字体大小在任何时刻只能有一种大小，所以用一组单选钮实现字体大小的转换。

　　其设计步骤如下。

　　（1）界面设计。窗体上放置一个文本框、三个单选钮和一个命令按钮。文本框用于获取用户输入的信息，三个单选钮用于设置文本框中正文字体的大小，分别为大号字、小号字和中号字。命令按钮用于结束应用程序的运行。界面设计如图 9.6 所示，窗体及控件的属性设置如表 9.6 所示。

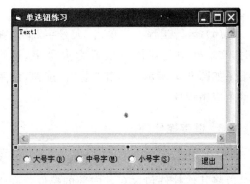

图 9.6　例 9.2 的界面设计

表 9.6　例 9.2 窗体及控件的属性设置

对象名	属性名	属性取值	对象名	属性名	属性取值
窗体 Form	名称（Name）	Form1		Caption	小号字（&S）
	Caption	单选钮练习	命令按钮 1	名称（Name）	cmdExit
单选钮 1	名称（Name）	optBig		Caption	退出
	Caption	大号字（&B）	文本框 1	名称（Name）	txtOption
单选钮 2	名称（Name）	optMid		MultiLine	True
	Caption	中号字（&M）		ScrollBars	3
单选钮 3	名称（Name）	optSmall			

（2）编写程序代码如下：

```
Private Sub Form_Load()
    txtOption.Text="单选钮练习" & Chr(13) & Chr(10) & "改变字体大小"
End Sub


Private Sub optBig_Click()
    txtOption.FontSize=20
End Sub


Private Sub optMid_Click()
    txtOption.FontSize=15
End Sub


Private Sub optSmall_Click()
    txtOption.FontSize=10
End Sub


Private Sub cmdExit_Click()
    End
End Sub
```

（3）保存工程。

（4）运行工程。当单击"大号字"单选钮时，文本框中的字体被设置为大号字，运行结果如图 9.7 所示。单击"退出"按钮，结束整个应用程序的运行。

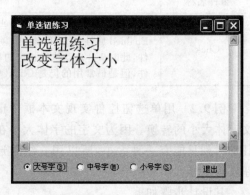

图 9.7　例 9.2 的运行结果

3. 框架控件（Frame）

框架（Frame）控件在应用程序界面中常常作为容器控件使用。所谓容器控件，就是可以将其他控件包含在其内部的控件。在 VB 标准控件中可以作为容器控件的还有图片框（PictureBox）控件。在设计界面时，可以根据窗体上各个控件实现的功能，用框架控件将它们划分为组，使得界面更有层次。

在实际应用中，常用框架控件将单选钮控件按照不同的功能划分为不同的功能组。一个框架控件中的所有单选钮作为一组，不同框架可以在窗体上组成不同的单选钮组，不在框架中而直接放在窗体上的单选钮被看成一组。某一时刻，一组中的单选钮只能有一个被选中。

使用框架控件创建单选钮组的方法是：

（1）在窗体上放置框架控件，调整其大小及位置。

（2）在"工具箱"中单击单选钮控件的图标，然后用鼠标指针在框架控件中画出单选钮控件。

在创建单选钮组时必须注意两点：其一是必须注意控件放置的顺序，应先在窗体上放置框架,然后在框架内部放置单选钮;其二是在框架内部放置单选钮时,必须采用单击放置控件的方式,即先单击"工具箱"中单选钮图标,然后在框架中用鼠标画出单选钮。不能采用双击方式。

框架控件的常用属性如表 9.7 所示。

表 9.7　框架控件的常用属性

属性名称	说　　　　明
名称(Name)	设置框架控件的名字,默认值为 Frame1。
Caption	设置框架上显示的标题文本,主要用于说明框架的用途。
Enabled	Enabled 属性设置框架在运行时能否响应事件,即是否禁止对框架的操作。Enabled 属性的取值为 True 或 False,默认值为 True。取值为 True 表示能够响应事件,即可对框架内部的控件进行操作;取值为 False 表示不能响应事件,此时无论框架内部控件的 Enabled 属性是否为 True,对它们的操作均被禁止。

例 9.3　用框架和单选钮组实现文本框中正文字体大小及字体字型的选择。

其设计步骤如下。

(1) 界面设计。窗体上放置一个文本框、两个单选钮组和一个命令按钮。文本框用于获取用户输入的信息。"字体"单选钮组用于设置文本框中正文字体的字型,"大小"单选钮组用于设置文本框中正文字体的大小。命令按钮用于结束应用程序的运行。界面设计如图 9.8 所示,窗体及控件的属性设置如表 9.8 所示。

表 9.8　例 9.3 窗体及控件属性设置

对象名	属性名	属性取值	对象名	属性名	属性取值
窗体 Form	名称(Name)	Form1		Caption	黑体
	Caption	单选钮组	单选钮 4	名称(Name)	optBig
框架 1	Caption	字体		Caption	大号字
框架 2	Caption	大小	单选钮 5	名称(Name)	optSmall
单选钮 1	名称(Name)	optSong		Caption	小号字
	Caption	宋体	命令按钮 1	名称(Name)	cmdExit
单选钮 2	名称(Name)	optKai		Caption	退出
	Caption	楷体	文本框 1	名称(Name)	Text1
单选钮 3	名称(Name)	optHei		MultiLine	True

(2) 编写程序代码如下:

```
Private Sub Form_Load()
    Text1.Text="单选钮组练习"
End Sub


Private Sub optSong_Click()
    Text1.FontName="宋体"
End Sub


Private Sub optKai_Click()
```

```
        Text1.FontName="楷体_GB2312"
    End Sub

    Private Sub optHei_Click()
        Text1.FontName="黑体"
    End Sub

    Private Sub optBig_Click()
        Text1.FontSize=20
    End Sub

    Private Sub optSmall_Click()
        Text1.FontSize=10
    End Sub

    Private Sub cmdExit_Click()
        End
    End Sub
```

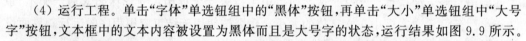

图 9.8　例 9.3 的界面设计

（3）保存工程。

（4）运行工程。单击"字体"单选钮组中的"黑体"按钮,再单击"大小"单选钮组中"大号字"按钮,文本框中的文本内容被设置为黑体而且是大号字的状态,运行结果如图 9.9 所示。

单击"退出"按钮,则结束整个应用程序的运行。

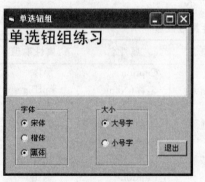

图 9.9　例 9.3 的运行结果

4. 列表框控件（ListBox）

列表框（ListBox）控件以列表框的形式提供一系列项目给用户,使用户可以从中选择,并将选择的内容作为对应用系统的输入信息。因此,列表框控件是应用系统与用户交互、进行信息交流的重要信息输入方式。

列表框控件中所列出的项目称为列表项,因此也可以称列表框是由多个列表项组成的列表。在运行时,列表项是不可以编辑的,但是在列表框中可以动态地增加或删除列表项。

列表框的常用属性如表 9.9 所示。

表 9.9　列表框的常用属性

属性名称	说　　　明
名称（Name）	设置列表框控件的名字,默认值为 List1。
Text	表示在运行时列表框中当前选定的列表项。在应用程序中可以通过该属性获取用户在列表框列表中选定的列表项的值。必须强调,列表框的 Text 属性不能直接被修改,但是可读、可引用,可以在代码中读取 Text 属性值,然后将该值赋予其他变量或其他对象的相关属性。

属性名称	说　　明
Columns	设置列表框中列表项的显示方式,是按单列显示还是按多列显示。Columns 属性的取值为整数,表示列表框的三种显示方式。取值为 0(默认值)表示列表项按单列显示,当列表项较多超出列表框高度时,自动出现垂直滚动条;取值为 1 表示列表项按单列显示,当列表项较多超出列表框宽度时,自动出现水平滚动条;取值为 2 表示列表项按多列显示,当列表项较多时,自动出现水平滚动条。
List	包含一个列表项数组,列表框中的每个列表项都是 List 数组中的一个元素。因此,通过 List 属性可以访问列表框中的所有列表项。List 属性数组的下标从 0 开始。List 属性的数据类型为字符串。在程序代码中 List 属性的值既可以引用,也可以赋值。通过"属性窗口"为 List 属性赋值,相当于构造列表框的初始列表。添加列表项的方法为:首先在"属性窗口"单击 List 属性,再单击"下箭头"按钮,然后在属性输入框中输入列表项,每输入完一项按 Ctrl＋Enter 键表示对该项输入的确认,当所有的列表项输入完成之后,按"Enter"键表示对整个列表的确认。在程序代码中设置该属性,语句格式为:列表框名.List(下标)＝字符串值。
ListIndex	设置或返回列表框中当前选定的列表项的下标。在运行时,当用户在列表框中选择某列表项时,该项被反显(或称显示为蓝色),同时列表框控件的 Click 事件被触发。应用程序通过 ListIndex 属性知道列表框中被选中的是哪一项。当用户在列表框中选定某列表项时,ListIndex 属性的属性值即为该项在 List 属性数组中的下标。在运行时,当应用程序设置了 ListIndex 属性时,列表框控件的 Click 事件也会被触发。注意:ListIndex 属性只能在运行时使用。
ListCount	返回列表框中列表项的总数。因此有效的 List 数组下标为 0～ListCount－1。ListCount 属性只能在运行时间使用。ListCount 属性值不能被直接修改。
MultiSelect	设置是否可以对列表框中的列表项进行多项选择。Multiselect 属性取值为整数,表示 3 种选择方式。取值为 0(默认值)表示标准列表框,一次只能选择其中之一;取值为 1 表示在列表框中可以一次选择多项;取值为 2 表示在列表框中可以连续选择多项。
Style	设置列表框的外形,是标准风格还是复选框风格。Style 属性取值为整数,表示两种列表框形式。取值为 0(默认值)表示列表框为标准风格(Standard);取值为 1 表示为复选框风格(CheckBox)的列表框。

列表框控件的常用事件如表 9.10 所示。

表 9.10　列表框控件的常用事件

事件名称	说　　明
Click	单击鼠标触发。在运行状态下,当用户在列表框中选择列表项时,或在程序代码中设置 ListIndex 属性时,触发列表框控件的 Click(单击)事件。
DblClick	当用户在列表框中选择列表项后双击列表框时,触发列表框的 DblClick 事件。

列表框控件的常用方法如表 9.11 所示。

例 9.4　在窗体上显示学生所修课程列表及课程总数。可以向该列表添加新课程,也可以删除淘汰课程。

其设计步骤如下。

表 9.11　列表框控件的常用方法

方法名称	说　明
AddItem	在运行时向列表框添加列表项。语句格式为： 列表框名.AddItem 列表项正文 [,下标]。 其中"下标"是可选项。若省略下标，表示将列表项加入列表框的末尾，使新加入的列表项成为列表框的最后一项。若不省略下标，当下标为 0 时表示使新加入的列表项成为列表框的第一项，下标为 1 表示第二项……下标的最大取值为 Listcount-1。在实际应用中，一般在 Form_Load 事件过程中使用 AddItem 方法初始化列表框。
RemoveItem	在运行时删除列表框中由下标值指定的列表项。语句句法格式为： 列表框名.RemoveItem 下标
Clear	删除列表框中显示的所有列表项。语法格式为： 列表框名.Clear

（1）界面设计。在窗体上放置一个列表框、一个文本框、两个命令按钮和四个标签。列表框用于构造课程表，文本框用于接受新课程的输入，命令按钮实现列表项的添加和删除，标签中的三个仅用于说明，另一个用于显示课程数。有关界面设计如图 9.10 所示，窗体及控件的相关属性设置如表 9.12 所示。

表 9.12　例 9.4 窗体及控件的属性设置

对象名	属性名	属性取值	对象名	属性名	属性取值
窗体 Form	名称(Name)	Form1	标签 4	名称(Name)	lblCount
	Caption	列表框练习		Caption	置空
列表框 1	名称(Name)	lstCourse		BorderStyle	1
文本框 1	名称(Name)	txtCourse		Alignment	2-Center
	Text	置空	单选钮 1	名称(Name)	cmdAdd
标签 1	Caption	新课程：		Caption	添加
标签 2	Caption	课程列表	单选钮 2	名称(Name)	cmdDelete
标签 3	Caption	课程数：		Caption	删除

（2）编写程序代码如下：

```
Private Sub Form_Load()
    lstCourse.Clear
    lstCourse.AddItem "VB 程序设计"
    lstCourse.AddItem "C 语言"
    lstCourse.AddItem "英语"
    lstCourse.AddItem "高等数学"
    lblCount.Caption=lstCourse.ListCount
End Sub
```

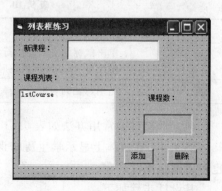

图 9.10　例 9.4 的界面设计

```
Private Sub cmdAdd_Click()
    If txtCourse.Text <> "" Then
        lstCourse.AddItem txtCourse.Text
        lblCount.Caption=lstCourse.ListCount
    Else
        MsgBox "没有输入新课程名,请重新输入!"
        txtCourse.SetFocus
    End If
End Sub

Private Sub cmdDelete_Click()
    If lstCourse.ListIndex <> -1 Then
        lstCourse.RemoveItem lstCourse.ListIndex
        lblCount.Caption=lstCourse.ListCount
        txtCourse.Text=""
    Else
        MsgBox "没有选择课程,不能删除列表项!"
        lstCourse.SetFocus
    End If
End Sub
```

(3) 保存工程。

(4) 运行工程。在文本框输入新课程名"Java 语言",单击"添加"按钮,则新课程被加入"课程列表"中,如果在"课程列表"中选中某门课程,单击"删除"按钮,则该项从列表中删除。"课程数"随添加与删除操作动态改变。运行结果如图 9.11 所示。

图 9.11 例 9.4 的运行结果

5. 列表视图控件(ListView)

在工具箱中列表视图(ListView)控件显示的图标为 ![icon]。列表视图控件以 ListItem 对象的形式显示数据。每个 ListItem 对象都有一个可选的图标与其标签相关联。

列表视图控件的用途有 3 种,分别是:显示对数据库查询的结果、显示数据库表中的所有记录以及和 TreeView 控件联合使用。

列表视图控件可以以 4 种不同的视图模式显示数据:报表视图、图标视图、列表视图和小图标视图。

列表视图控件的常用属性如表 9.13 所示。

ListItems 集合对象的常用方法如表 9.14 所示。

表 9.13 列表视图控件的常用属性

属性名称	说 明
名称(Name)	设置列表视图控件的名字,默认值为 ListView1。
ListItems	对列表视图控件中 ListItem 对象集合即列表项集合的引用,语法格式为: ListView 对象. ListItems。
SubItems	用于返回或设置一个字符串型子项目数组,子项目代表 ListView 控件中 ListItem 对象的数据。语法格式为: ListView 对象. SubItems(index)[=string]。
ColumnHeaders	对 ColumnHeader(列标头)对象集合的引用。语法格式为: ListView 对象. ColumnHeaders。
View	设置或返回 ListView 控件中 ListItem 对象的外观。语法格式为: ListView 对象.View[=value]。 取值为 0(lvwIcon,默认值)表示图标,每个 ListItem 对象由整幅的图标和文本标签代表;取值为 1(lvwSmallIcon)表示小图标,每个 ListItem 对象由小图标及其右侧的文本标签代表,项目水平排列;取值为 2(lvwList)表示列表,每个 ListItem 对象由小图标及其右侧的文本标签代表,ListItem 对象及其相关的信息在列中垂直排列;取值为 3(lvwReport)表示报表,每个 ListItem 对象显示为小图标和文本标签,可在子项目中提供关于每个 ListItem 对象的附加信息。
Sorted	设置或返回确定集合中的项目是否排序。语法格式为: ListView 对象. Sorted [=value]。 value 取值为 True,则根据 SortOrder 属性将列表框中的项目按字母顺序排序;取值为 False,列表框项目不排序。注意:要使 SortOrder 和 SortKey 属性的设置有效,必须将 Sorted 属性设置为 True。
SortKey	设置或返回一个值,此值决定 ListView 控件中的 ListItem 对象如何排序。语法格式为: ListView 对象.SortKey[=integer]。 Integer 参数是指定排序关键字的整数,取值为 0 表示使用 ListItem 对象的 Text 属性排序;取值>1 表示使用子项目排序,子项目的集合索引在此指定。
SortOrder	设置或返回一个值,此值决定 ListView 控件中的 ListItem 对象以升序方式还是降序方式排列。语法格式为: ListView 对象. SortOrder [=integer]。 Integer 参数是指定排序类型的整数,取值为 0(lvwAscending)表示升序;取值为 1(lvwDescending)表示降序。
GridLines	设置或返回一个值,确定在报表视图中 ListView 控件是否显示网格线。

表 9.14 ListItems 集合对象的常用方法

方法名称	说　明
Clear	清除 ListItems 中的所有列表项。
Add	向 ListView 控件中添加列表项。语法格式为： ListView 对象.ListItems.Add(index,key,text,icon,smallIcon)
Remove	去除列表项中的一项。语法格式为： ListView 对象.ListItems.Remove(index)

ColumnHeaders 集合对象的常用方法如表 9.15 所示。

表 9.15 ColumnHeaders 集合对象的常用方法

方法名称	说　明
Clear	清除 ColumnHeaders 集合中的所有对象。
Add	将 ColumnHeader 对象添加到 ListView 控件的 ColumnHeaders 集合中。语法格式为： ListView 对象.ColumnHeaders.Add(index,key,text,width,alignment,icon)

例 9.5 ListView 控件的常用方法和属性的使用。

设计步骤：

（1）界面设计。

新建一个工程，然后添加 ListView 控件，在"工程"菜单中选择"部件"，在弹出的"部件"对话框中选中"Microsoft Windows Common Controls 6.0"，如图 9.12 所示，单击"确定"按钮，即可将该控件添加到工具箱中。

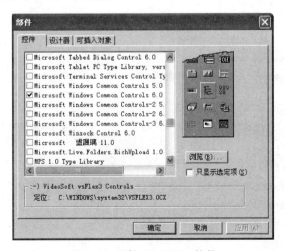

图 9.12 添加 ListView 控件

有关界面设计如图 9.13 所示，用户在三个文本框中输入信息，单击"添加"按钮，将信息添加到 ListView 中。窗体及控件的相关属性设置如表 9.16 所示。

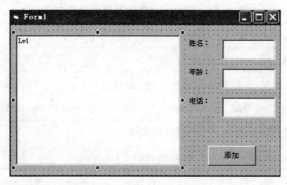

图 9.13　例 9.5 的界面设计

表 9.16　例 9.5 的窗体及控件的相关属性

对象名	属性名	属性取值	对象名	属性名	属性取值
窗体 Form	名称(Name)	Form1	文本框 2	名称(Name)	txtAge
ListView1	名称(Name)	Lv1		Text	置空
标签 1	Caption	姓名：	标签 3	Caption	电话：
文本框 1	名称(Name)	txtName	文本框 3	名称(Name)	txtTelephone
	Text	置空		Text	置空
标签 2	Caption	年龄：	单选钮 1	Caption	添加

（2）编写程序代码如下。

```
'窗体加载时设置 ListView 的外观为报表型,清除 ListView 并添加姓名、年龄、联系电话
'三个标题栏。
Private Sub Form_Load()
    Lv1.View=lvwReport
    Lv1.ListItems.Clear
    Lv1.ColumnHeaders.Add ,, "姓名"
    Lv1.ColumnHeaders.Add ,, "年龄"
    Lv1.ColumnHeaders.Add ,, "联系电话"
End Sub

Private Sub Command1_Click()
    Dim itemX As ListItem
    Set itemX=Lv1.ListItems.Add
    itemX.Text=txtName.Text
    itemX.SubItems(1)=txtAge.Text
    itemX.SubItems(2)=txtTelephone.Text
End Sub
```

（3）保存工程。

（4）运行工程。在三个文本框中输入姓名、年龄和电话,单击"添加"按钮,信息添加到列表视图中。运行结果如图 9.14 所示。

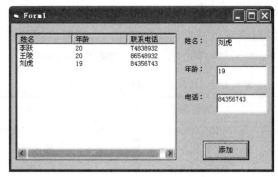

图 9.14　例 9.5 的运行结果

9.4　实现步骤

1. 界面设计及实现

(1)"还款明细"窗体设计

"还款明细"窗体完成浏览还款信息,添加、删除和过滤符合条件的还款信息。界面设计如图 9.1 所示,窗体和控件的属性设置如表 9.17 所示。

表 9.17　"还款明细"窗体和控件的属性设置

对象名	属性名	属性取值	对象名	属性名	属性取值
窗体 Form	名称(Name)	frmRepayment	命令按钮 1	名称(Name)	cmdAdd
	Caption	还款明细		Caption	添加
	MDIChild	True	命令按钮 2	名称(Name)	cmdUpdate
标签 1	Caption	法人编号		Caption	更新
文本框 1	名称(Name)	txtEID	命令按钮 3	名称(Name)	cmdCancelUpdate
标签 2	Caption	借款单号		Caption	取消
文本框 2	名称(Name)	txtLID	命令按钮 4	名称(Name)	cmdDelete
标签 3	Caption	还款时间		Caption	删除
文本框 3	名称(Name)	txtRDate	命令按钮 5	名称(Name)	cmdExit
标签 4	Caption	偿还本金		Caption	退出
文本框 4	名称(Name)	txtPrincipal	命令按钮 6	名称(Name)	cmdFilter
标签 5	Caption	偿还利息		Caption	过滤
文本框 5	名称(Name)	txtInterest	命令按钮 7	名称(Name)	cmdCancelFilter
标签 6	Caption	剩余本金		Caption	释放过滤
文本框 6	名称(Name)	txtRemainder	命令按钮 8	名称(Name)	cmdFirst
	Locked	True		Caption	第一条
标签 7	Caption	万元	命令按钮 9	名称(Name)	cmdNext
标签 8	Caption	经办人号		Caption	下一条
文本框 7	名称(Name)	txtUserID	命令按钮 10	名称(Name)	cmdPrevious
标签 9	Caption	过滤条件:		Caption	上一条
标签 10	Caption	借款单号	命令按钮 11	名称(Name)	cmdLast
标签 11	Caption	=		Caption	末一条
文本框 8	名称(Name)	txtFilter			

(2)"还款汇总"窗体

"还款汇总"窗体以列表形式浏览所有还款信息,还可以过滤符合条件的还款信息。界面设计如图 9.2 所示,窗体和控件的属性设置如表 9.18 所示。

表 9.18 "还款汇总"窗体和控件的属性设置

对象名	属性名	属性取值	对象名	属性名	属性取值
窗体 Form	名称(Name)	frmRepaymentS	文本框 1	名称(Name)	txtFilter
	Caption	还款汇总	命令按钮 1	名称(Name)	cmdFiter
	MDIChild	True		Caption	过滤
DataGrid 控件	名称(Name)	Dg1	命令按钮 2	名称(Name)	cmdCancelFiter
标签 1	Caption	过滤条件:		Caption	释放过滤
标签 2	Caption	法人编号	命令按钮 3	名称(Name)	cmdExit
标签 3	Caption	Like		Caption	退出

(3)"贷款计算"窗体

在"贷款计算"窗体中输入贷款方式、贷款总额、贷款期限和贷款年利率,单击"计算"按钮,计算每月的偿还利息、偿还本金以及剩余本金,还可以计算还款总额以及支付的利息总和。其界面设计如图 9.3 所示,窗体和控件的属性设置如表 9.19 所示。

表 9.19 "贷款计算"窗体和控件的属性设置

对象名	属性名	属性取值	对象名	属性名	属性取值
窗体 Form	名称(Name)	frmLoanCaculate		Caption	月
	Caption	贷款计算	标签 5	Caption	贷款年利息
	MDIChild	True	文本框 3	名称(Name)	txtRate
标签 1	Caption	还款方式	标签 6	Caption	贷款总额
组合框 1	名称(Name)	Combo1	文本框 4	名称(Name)	txtSum
	List	等额本息、等额本金	标签 6	Caption	支付利息
标签 2	Caption	贷款金额	文本框 5	名称(Name)	txtInterest
文本框 1	名称(Name)	txtAmount	命令按钮 1	名称(Name)	cmdCaculate
标签 3	Caption	万元		Caption	计算
标签 4	Caption	贷款期限	命令按钮 2	名称(Name)	cmdExit
文本框 2	名称(Name)	txtTerm		Caption	退出
单选按钮 1	名称(Name)	OptYear	列表视图	名称(Name)	Lv1
	Caption	年	ListView1	BackColor	黄色
单选按钮 2	名称(Name)	OptMonth		GridLines	True

2. 编写事件过程

(1)"还款明细"窗体代码

```
Private Sub Form_Load()
    Call InitRepayment
    Call Display
```

```
        End Sub

    Private Sub InitRepayment()
        Dim i, j As Integer
        Dim flg As Boolean
        For i=1 To rs2.RecordCount
            flg=True
            If rs3.EOF=False Or rs3.BOF=False Then rs3.MoveFirst
            For j=1 To rs3.RecordCount
                If rs2("LID")=rs3("LID") Then
                    flg=False
                    Exit For
                End If
                rs3.MoveNext
            Next
            If flg=True Then
                rs3.AddNew
                rs3("LID")=rs2("LID")
                rs3("EID")=rs2("EID")
                rs3("RDate")=rs2("LDate")
                rs3("Principal")=0
                rs3("Interest")=0
                rs3("Remainder")=rs2("LAmount")
                rs3("UserID")=rs2("UserID")
                rs3.Update
            End If
            rs2.MoveNext
        Next
        rs3.MoveFirst
        rs2.MoveFirst
    End Sub

    Private Sub Display()
        txtEID.Text=Convert(rs3("EID"))
        txtLID.Text=Convert(rs3("LID"))
        txtRDate.Text=Convert(rs3("RDate"))
        txtPrincipal.Text=Convert(rs3("Principal"))
        txtInterest.Text=Convert(rs3("Interest"))
        txtRemainder.Text=Convert(rs3("Remainder"))
        txtUserID.Text=Convert(rs3("UserID"))
    End Sub

    Private Function Convert(val As Variant) As String
        If IsNull(val) Then
```

```vb
            Convert=""
        Else
        Convert=CStr(val)
        End If
    End Function


    Private Sub cmdFirst_Click()
        rs3.MoveFirst
        Call Display
    End Sub


    Private Sub cmdNext_Click()
        rs3.MoveNext
        If rs3.EOF Then rs3.MoveLast
        Call Display
    End Sub


    Private Sub cmdPrevious_Click()
        rs3.MovePrevious
        If rs3.BOF Then rs3.MoveFirst
        Call Display
    End Sub


    Private Sub cmdLast_Click()
        rs3.MoveLast
        Call Display
    End Sub


    Private Sub cmdAdd_Click()
        txtEID.Text=""
        txtLID.Text=""
        txtRDate.Text=""
        txtPrincipal.Text=""
        txtInterest.Text=""
        txtRemainder.Text=""
        txtUserID.Text=""
    End Sub


    Private Sub cmdUpdate_Click()
        Dim rs4 As New ADODB.Recordset
        Dim sql As String
        rs3.AddNew
        rs3("EID")=txtEID.Text
        rs3("LID")=txtLID.Text
```

```
        rs3("RDate")=txtRDate.Text
        rs3("Principal")=txtPrincipal.Text
        rs3("Interest")=txtInterest.Text
        rs3("UserID")=txtUserID.Text
sql="select min(Remainder) as minRemaider from Repayment where LID=" & txtLID.Text
        rs4.CursorLocation=adUseClient
        rs4.Open sql, con, adOpenStatic, adLockOptimistic
        rs3("Remainder")=rs4("minRemaider")-txtPrincipal.Text/10000
        rs.Update
End Sub


Private Sub cmdCancelUpdate_Click()
        Call Display
End Sub


Private Sub cmdDelete_Click()
        Dim a As Integer
        a=MsgBox("你确实要删除当前记录吗?", & _
            vbYesNo+vbDefaultButton2+vbQuestion,   "删除")
        If a=vbYes Then
            rs3.Delete
            rs3.MoveNext
            If rs3.EOF Then rs3.MoveLast
        End If
        Call Display
End Sub


Private Sub cmdExit_Click()
        Me.Hide
End Sub
```

(2)"还款汇总"窗体代码

```
Private Sub cmdFilter_Click()
        rs3.Filter="LID='" & txtFilter.Text & "'"
        If rs3.EOF=True Then
            MsgBox "过滤失败!"
            rs3.Filter=0
        End If
        Call Display
End Sub


Private Sub cmdCancelFilter_Click()
        rs3.Filter=0
        Call Display
```

```
End Sub
```

"还款汇总"窗口

```
Private Sub Form_Load()
    Call InitDg
End Sub

Private Sub InitDg()
    Set Dg1.DataSource= rs3
    Dg1.Columns(0).Caption= "借款单号"
    Dg1.Columns(1).Caption= "还款时间"
    Dg1.Columns(2).Caption= "法人号"
    Dg1.Columns(3).Caption= "偿还本金"
    Dg1.Columns(4).Caption= "偿还利息"
    Dg1.Columns(5).Caption= "剩余本金"
    Dg1.Columns(6).Caption= "经办人号"
End Sub

Private Sub cmdFiter_Click()
    rs3.Filter= "EID= '" & txtFilter.Text & "'"
    If rs3.EOF= True Then
        MsgBox "过滤失败!"
        rs3.Filter= 0
        Call InitDg
    End If
End Sub

Private Sub cmdCancelFiter_Click()
    rs3.Filter= 0
    Call InitDg
End Sub

Private Sub cmdExit_Click()
    Me.Hide
End Sub
```

(3)"贷款计算"窗体代码

```
Dim month As Integer

Private Sub Form_Load()
    Lv1.View= lvwReport
    Lv1.ColumnHeaders.Add ,, "期数"
    Lv1.ColumnHeaders.Add ,, "偿还利息"
    Lv1.ColumnHeaders.Add ,, "偿还本金"
```

```
        Lv1.ColumnHeaders.Add , , "偿还额"
        Lv1.ColumnHeaders.Add , , "剩余本金"
End Sub


Private Sub cmdCaculate_Click()
    Dim itemX As ListItem
    Dim amount As Single
    Dim MonthRate As Single                         '月利息
    Dim chlx As Currency, chbj As Currency, che As Currency, remainder As Currency
    '偿还利息,偿还本金,还款额,剩余本金
    Dim hkze As Currency, zflx As Currency          '还款总额,支付利息
    amount=CSng(txtAmount.Text) * 10^4
    remainder=amount
    MonthRate=CSng(txtRate.Text) / (100 * 12)
    If optYear.Value=False And optMonth.Value=False Then
        MsgBox "请选择贷款期限单位!", vbCritical, "提醒"
    Else
        If Combo1.Text="等额本金" Then
            Lv1.ListItems.Clear
            For i=1 To month
                Set itemX=Lv1.ListItems.Add()
                itemX.Text=i & "期"
                chbj=CCur(amount / month)
                chlx=CCur(remainder * MonthRate)
                che=chbj+chlx
                remainder=remainder-chbj
                hkze=hkze+chbj+chlx
                zflx=zflx+chlx
                itemX.SubItems(1)=chlx
                itemX.SubItems(2)=chbj
                itemX.SubItems(3)=che
                itemX.SubItems(4)=remainder
            Next
        ElseIf Combo1.Text="等额本息" Then
            Lv1.ListItems.Clear
            For i=1 To month
                Set itemX=Lv1.ListItems.Add()
                itemX.Text=i & "期"
                che=CCur(amount * MonthRate * (1+MonthRate)^month/((1+MonthRate)^
                month-1))
                chlx=CCur(remainder * MonthRate)
                chbj=che-chlx
                remainder=remainder-chbj
                hkze=hkze+chbj+chlx
```

```
                zflx=zflx+chlx
                itemX.SubItems(1)=chlx
                itemX.SubItems(2)=chbj
                itemX.SubItems(3)=che
                itemX.SubItems(4)=remainder
            Next
        End If
        txtSum=hkze
        txtInterest=zflx
    End If
End Sub

Private Sub optYear_Click()
    month=CInt(txtTerm.Text) * 12
End Sub

Private Sub optMonth_Click()
    month=CInt(txtTerm.Text)
End Sub

Private Sub cmdExit_Click()
    Me.Hide
End Sub
```

第 10 章　应用程序的文件操作

本章的教学目标：

- 了解打开、关闭和读写文件的方法；
- 了解文件操作函数；
- 了解使用文件系统控件获得驱动器、目录和文件名的方法。

10.1　目标任务

数据在内存中存储的时间是短暂的，而在实际应用时我们常常希望数据能够长期保存。这时可以把数据保存在磁盘的文件中，以后需要再次使用这些数据时，就可以打开文件进行相应操作。利用 Visual Basic 6.0 中提供的强大的文件处理功能，建立一个随机文件 data.dat 存放员工记录，其中每个记录由工号、姓名、性别和工资组成，实现添加、浏览全部记录、查找记录等功能。

10.2　效果及功能

（1）运行程序时，出现如图 10.1 所示的窗口。

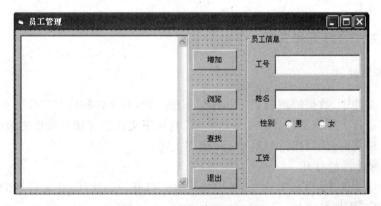

图 10.1　"员工管理"对话框

（2）通过选择 4 个按钮可以确定员工管理操作。

（3）如果选择"增加"操作，单击"增加"按钮，系统提示用户在"员工信息"中输入工号、姓名、性别和工资信息。

（4）如果选择"浏览"操作，单击"浏览"按钮，系统会在显示框中显示全部员工的记录信息。

（5）如果选择"查找"操作，单击"查找"按钮，系统会弹出"查找"对话框，在对话框中输入要查找的信息，如果查找成功，则在显示框中显示对应信息，否则在显示框中显示没有找到信息。

（6）如果选择"退出"操作，单击"退出"按钮，退出系统。

10.3　基础知识

文件是存储在外部介质上的数据或信息的集合。计算机中图片、程序和其他一些数据信息，都是以文件的形式存储在磁盘中的。也就是说，计算机中所有的数据信息，都可以看做是文件，通常情况下，文件通过程序读取和保存。使用文件存放数据，可以避免内存容量的限制。存储大批量的数据，在应用程序中对数据的读入和写入都比较方便。

Visual Basic 中提供了 3 种数据的访问模式，即顺序访问、随机访问和二进制访问。对应的文件可以分为顺序存取文件、随机存取文件和二进制存取文件。同时也提供了与文件处理有关的控件。

文件操作的一般步骤如下。

（1）打开文件。要读取文件中的数据，首先需要把文件的有关信息加载到内存中，使文件与内存中某个文件缓冲区相关联。

（2）根据打开的模式进行数据的读写操作。只有对打开的文件才能进行各种数据的存/取操作，也就是读取或写入数据。

（3）关闭文件。一个文件使用完毕应该将其"关闭"，关闭文件实质是释放文件所占用的文件缓冲区，以便其他文件使用。由于系统在内存中分配的文件缓冲区个数是有限的，可以同时打开进行操作的文件个数也是有限的；为了合理利用系统资源，应及时关闭不再使用的文件。

10.3.1　文件的打开和关闭

1. 顺序文件

在顺序文件中，数据的逻辑顺序和存储顺序一致，对文件的读写操作只能从第 1 个数据开始顺序进行。根据文件处理的一般步骤，对顺序文件进行读写操作之前必须用 Open 语句先打开该文件，读写操作后用 Close 语句关闭。

（1）顺序文件的打开

打开顺序文件使用 Open 命令，按照指定方式打开一个文件，并为打开的文件指定一个文件号，打开文件格式如下：

Open <文件名> For [Input|Output|Append] As [#]<文件号> [len=记录长度]

说明：

① <文件名>是一个字符串表达式，是指打开的包括完整路径名称的文件。

② Input：以读方式打开文件，该文件必须已经存在。

③ Output：打开文件，文件中原有内容被覆盖。

④ Append：写入的数据添加到文件尾部。若文件不存在，则会自动创建该文件，然后打开。

⑤ ＜文件号＞：表示打开文件的句柄，是 1～511 之间的整数，是打开文件的唯一标识，供文件读/写和关闭时使用。

⑥ len：表示读/写文件时，在内存中可以使用的缓冲区的字节数。

（2）顺序文件的关闭

打开文件，对文件的读写操作结束后，应将文件及时关闭，用来及时释放文件所占内存空间资源，另外文件缓冲区的内容也需要由系统写回文件中，防止导致信息丢失。Visual Basic 中使用 Close 语句来关闭文件。关闭文件格式如下：

```
Close [[#]文件号][,[#]文件号]
```

说明：

① Close 语句用来关闭使用 Open 语句打开的文件，从而结束文件的读取操作。Close 语句具有两个作用：一是把 Open 语句给该文件建立的文件缓冲区中的数据写入文件中；二是释放表示该文件的文件号，供其他 Open 语句使用。

② 若 Close 语句中省略文件号，则表示把所有用 Open 语句打开的文件全部关闭。

③ 若不使用 Close 语句关闭程序，当程序结束时，系统自动关闭所有打开的数据文件，但这可能会使缓冲区最后的内容不能写入文件中，导致写操作失败。

（3）打开、关闭顺序文件示例

下面通过一个示例"顺序文件的打开与关闭"程序来讲解打开、关闭文件的具体用法。示例"顺序文件的打开与关闭"程序运行时，分别使用输入模式、输出模式和添加模式打开文件，并且在打开文件之后不作任何操作就将打开的文件关闭。"顺序文件的打开与关闭"程序实现过程如下。

① 新建一个工程，在工程中添加一个窗口 Form1。

② 进入代码窗口中，在代码窗口的对象列表框中选择窗体对象 Form1；在过程列表框中选择窗体对象 Form1 的 Load 事件。在 Form1 对象的 Load 事件下添加如下程序代码：

```
Private Sub Form_Load()
    '以读取数据的方式打开顺序文件并关闭文件
    Open App.Path & "\Files\中国欢迎您.txt" For Input As #1
    Close #1
    '以写入数据的方式打开顺序文件并关闭文件
    Open App.Path & "\Files\北京欢迎您.txt" For Output As #2
    Close #2
    '以追加数据的方式打开顺序文件并关闭文件
    Open App.Path & "\Files\北信欢迎您.txt" For Append As #3
    Close #3
End Sub
```

示例"顺序文件的打开与关闭"程序先后使用输入模式、输出模式和添加模式打开文件 App. Path & "\Files\中国欢迎您. txt"、App. Path & "\Files\北京欢迎您. txt"和 App. Path & "\Files\北信欢迎您. txt",并随后关闭。需要注意的是,关闭文件号要与打开的文件号对应。

2. 随机文件

随机文件是由一组定长记录组成的,一个紧接着一个,记录之间没有特殊的分隔符。每个记录可包含一个或多个字段,每个字段所占字节必须是固定长度。

打开随机文件,既可以读也可以写,根据记录号能直接访问文件中任意一条记录,无须按顺序进行。

(1) 随机文件的访问操作步骤

① 声明记录类型,定义相关变量。

② 用 Random 模式打开文件。

③ Put ♯ 和 Get ♯ 语句编辑文件。

④ 关闭文件。

(2) 随机文件的打开和关闭

使用 Open 命令打开随机文件,按照指定方式 Random 打开一个文件,并为打开的文件指定一个文件号。打开、关闭文件格式如下:

```
Open <文件名> For [Random] As [#]<文件号> [Len=记录长度]
Close #<文件号>
```

说明:

① <文件名>是一个字符串表达式,是指打开的包括完整路径名称的文件。

② Random:以随机方式打开文件,该文件必须已经存在。

③ <文件号>:表示打开文件的句柄。

④ Len:打开随机文件时,必须确定读写的记录长度,若默认,则记录的默认长度为128 个字节,否则记录长度等于各字段长度之和,可以通过 Len(记录变量)获取。

(3) 打开、关闭顺序文件示例

下面通过一个示例"随机文件的打开与关闭"程序来讲解打开、关闭随机文件的具体用法。示例"随机文件的打开与关闭"程序运行时,在打开文件之后不作任何操作就将打开的文件关闭。"随机文件的打开与关闭"程序实现过程如下:

① 新建一个工程,在工程中添加一个窗口 Form1。

② 进入代码窗口中,在代码窗口的对象列表框中选择窗体对象 Form1;在过程列表框中选择窗体对象 Form1 的 Load 事件。在 Form1 对象的 Load 事件下添加如下程序代码:

```
Private Sub Form_Load()
    '打开随机文件
    Open App.Path & "\中国欢迎您.txt" For Random As #1
    '关闭文件
```

```
        Close #1
End Sub
```

示例"随机文件的打开与关闭"程序使用随机模式打开文件 App. Path & "\Files\中国欢迎您. txt",并随后关闭。

3. 二进制文件

对文件的操作使用二进制访问的模式将更为方便简洁,事实上,任何文件都可以用二进制模式访问,并且可以获取文件中的任何一个字节。二进制模式与随机模式很类似。如果把二进制文件中的每一个字节看做一条记录,则二进制模式就成了随机模式。当要保持文件的尺寸尽量小时,应使用二进制型访问。

与顺序文件和随机文件相同,在对文件读/写操作前,必须打开一个二进制文件。

(1) 二进制文件的打开和关闭

使用 Open 命令打开二进制文件,按照指定方式 Binary 打开一个文件,并为打开的文件指定一个文件号。打开、关闭文件格式如下:

```
Open <文件名>For [Binary ] As [#]<文件号>
Close #<文件号>
```

说明:

① <文件名>是一个字符串表达式,是指打开的包括完整路径名称的文件。

② Binary:以二进制方式打开文件。

③ <文件号>:表示打开文件的句柄。

④ 二进制文件刚被打开时,文件指针指向第一个字节,以后将随着文件处理命令的执行而移动,可移到文件的任何地方。

(2) 打开、关闭二进制文件示例

下面通过一个示例"二进制文件的打开与关闭"程序来讲解打开、关闭二进制文件的具体用法。示例"二进制文件的打开与关闭"程序运行时,在打开文件之后不作任何操作就将打开的文件关闭。"二进制文件的打开与关闭"程序实现过程如下:

① 新建一个工程,在工程中添加一个窗口 Form1。

② 进入代码窗口中,在代码窗口的对象列表框中选择窗体对象 Form1;在过程列表框中选择窗体对象 Form1 的 Load 事件。在 Form1 对象的 Load 事件下添加如下程序代码:

```
Private Sub Form_Load()
    '打开二进制文件
    Open App.Path & "\中国欢迎您.txt" For Binary As #1
    '关闭文件
    Close #1
End Sub
```

示例"二进制文件的打开与关闭"程序使用二进制模式打开文件 App. Path &

"\Files\中国欢迎您.txt",并随后关闭。

10.3.2 文件读写

前面讲解了如何打开与关闭文件,然而,在实际的应用中,只是打开和关闭文件是没有任何意义的。在打开文件之后,可以对文件进行读取和写入的操作。

1. 顺序文件

顺序文件写操作可以用 Print 语句和 Write 语句实现,顺序文件读操作可以用 Input 语句、Line Input 语句和 Input 函数来实现。

(1) 顺序文件的写操作

Print # 语句。

格式如下:

Print #<文件号>,[表达式列表][;|,]

功能:把数据输出到文件中。

说明:

① ♯文件号表示以顺序写方式打开的文件。

② 表达式列表列出向文件写入的信息,它的用法与 Print 方法类似。如果该参数被省略,例如写成:

Print #1,

则表示向文件写入一个空行。

③ 如果用分号(;)分隔表达式列表中的数据项,按照紧凑格式写入数据;如果用逗号(,)分隔数据项,按照标准格式写入数据。

下面通过一个示例"顺序文件的写操作 Print 用法"程序来讲解顺序文件写操作 Print 语句的具体用法。示例"顺序文件的写操作 Print 用法"程序运行时,单击"请进入"按钮,将会创建一个名称为"欢迎.txt"的文本文件,如图 10.2 和图 10.3 所示。

示例"顺序文件的写操作 Print 用法"程序实现的步骤如下:

① 新建一个工程,在工程中添加一个窗口 Form1,将窗体的 Caption 属性设置为"顺序文件的写操作 Print 用法"。

② 在窗体上添加一个文本框控件,在属性窗口中将控件的 MultiLine 属性值设置为 True,可以在文本框中输入多行文本信息。

③ 在窗体上添加一个按钮控件,将控件的 Caption 属性设置为"请进入"。

④ 双击窗体中"请进入"按钮,在按钮的 Click 事件下添加下面的程序代码:

```
Private Sub Command1_Click()
    '打开文件
    Open "c:\Files\欢迎.txt" For Output As #1
    '写入文件
```

```
        Print #1, Text1.Text
        Print #1, "I love"; "VB"              '采用紧凑格式向文件中写入数据
        Print #1, "I love", "VB"              '采用标准格式向文件中写入数据
        '关闭文件
        Close #1
End Sub
```

图 10.2　"顺序文件的写操作 Print 用法"对话框

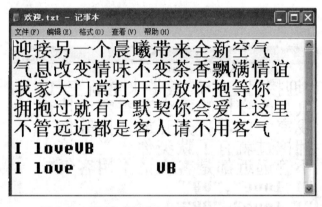

图 10.3　"顺序文件的写操作 Print 用法"文本框

　　这里需要注意的是,在执行写入操作时,不能使用 Input 模式打开文件,否则应用程序会出错。通过输出结果体会采用紧凑格式、标准格式向文件中写入数据的用法。

Write ♯语句。

格式:

```
Write #<文件号>, [表达式列表][;|,]
```

功能:与 Print ♯语句类似,将输出的数据写入文件中。

Write ♯语句和 Print ♯语句的区别如下。

① 用 Write ♯语句写到文件中的数据以紧凑格式存放,各个数据之间自动插入逗号

作为分隔符;若是字符串数据,系统自动在其首尾加上双引号作为定界符;若是逻辑型和日期型数据,系统自动在其首尾加上♯作为定界符。

② 用 Write ♯语句写入的正数前不再留有表示符号位的空格。

③ Write ♯语句中的分隔符"分号"和"逗号"功能相同,分隔待写入的数据,并都以紧凑格式将数据写入文件。

下面通过一个示例"顺序文件的写操作 Write 用法"程序来讲解顺序文件写操作 Write 语句的具体用法。示例"顺序文件的写操作 Write 用法"程序运行时,单击"请进入"按钮,将会创建一个名为"欢迎.txt"的文本文件,如图 10.4 和图 10.5 所示。

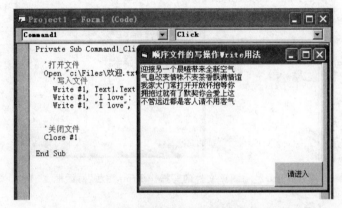

图 10.4 "顺序文件的写操作 Write 用法"对话框

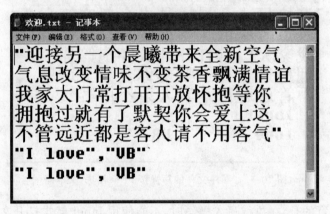

图 10.5 "顺序文件的写操作 Write 用法"文本框

示例"顺序文件的写操作 Write 用法"程序实现的步骤如下:

① 新建一个工程,在工程中添加一个窗口 Form1,将窗体的 Caption 属性设置为"顺序文件的写操作 Write 用法"。

② 在窗体上添加一个文本框控件,在属性窗口中将控件的 MultiLine 属性值设置为 True,可以在文本框中输入多行文本信息。

③ 在窗体上添加一个按钮控件,将控件的 Caption 属性设置为"请进入"。

④ 双击窗体中的"请进入"按钮,在按钮的 Click 事件下添加下面的程序代码:

```
Private Sub Command1_Click()
    '打开文件
    Open "c:\Files\欢迎.txt" For Output As #1
    '写入文件
    Write  #1, Text1.Text
    Write  #1, "I love"; "VB"
    Write  #1, "I love", "VB"
    '关闭文件
    Close #1
End Sub
```

Write♯语句与Print♯语句的基本功能相同,从输出结果可以看出,Write♯在磁盘上存储数据是以紧凑格式存入的,能自动在数据项间插入逗号,并将字符串加上双引号。

（2）顺序文件的读操作

Input ♯语句。

格式：

Input #<文件号>, <变量列表>

功能：从一个顺序文件中顺序读取若干个数据项,依次赋给相应的变量。

说明：

① <文件号>：含义同前。

② <变量列表>：由一个或多个变量组成,各项之间要用逗号或分号隔开。变量既可以是数值变量,也可以是字符串变量或数组元素,从数据文件中读出的数据赋给这些变量。

下面通过一个示例"顺序文件的读操作 Input 用法"程序来讲解顺序文件读操作 Input 语句的具体用法。示例"顺序文件的读操作 Input 用法"程序运行时,单击"读取"按钮,将会把"欢迎你.txt"的文本文件中的数据信息读取出来,并且将内容显示在窗体的文本框中,如图 10.6 所示。

图 10.6　"顺序文件的读操作 Input 用法"对话框

示例"顺序文件的读操作 Input 用法"程序实现的步骤如下：

① 新建一个工程,在工程中添加一个窗口 Form1,将窗体的 Caption 属性设置为"使用 Input 语句读取顺序文件"。

② 在窗体上添加一个文本框控件,在属性窗口中将控件的 MultiLine 属性值设置为 True,可以在文本框中输入多行文本信息。

③ 在窗体上添加一个按钮控件,将控件的 Caption 属性设置为"读取"。

④ 双击窗体中的"读取"按钮,在按钮的 Click 事件下添加下面的程序代码:

```
Private Sub Command1_Click()
    Dim strs As String
    '打开文件
    Open "c:\Files\欢迎你.txt" For Input As #1
    '读取文件
    Input #1, strs
    Text1.Text=strs
    '关闭文件
    Close #1
End Sub
```

在使用 Input♯语句读取顺序文件时,需要使用打开模式 Input 来打开文件,否则程序将会出现错误信息。读取的数据项个数必须与变量个数相同,数据项类型也必须与变量类型一致。

为了用 Input♯语句将文件中数据正确读入变量中,要求文件中的各数据项使用分隔符分开。Print♯语句输入的数据由空格或回车换行符标识数据的结束,而 Write♯语句输入的数据以逗号、空格、双引号或回车换行符标识数据的结束,因此 Write♯语句写入的数据项通常比较方便 Input♯语句读取。Input♯语句仅适用于以顺序和二进制方式打开的文件。

Line Input♯语句。

格式:

Line Input #<文件号>, <字符串变量>

功能:从顺序文件中读取一个完整的行,并把它赋给一个字符串变量。

说明:

① Line Input♯语句将读取一行中的除回车符、换行符以外的全部字符,包括空格、逗号、双引号。

② Line Input♯语句通常读取使用 Print♯写入的数据;常与循环配合顺序读取文件中的全部内容。

下面通过一个示例"顺序文件的读操作 Line Input 用法"程序来讲解顺序文件读操作 Line Input 语句的具体使用方法。示例"顺序文件的读操作 Line Input 用法"程序运行时,单击"读取"按钮,将会把"欢迎.txt"的文本文件中的数据信息读取出来,并且将内容显示在窗体的文本框中,如图 10.7 所示。

示例"顺序文件的读操作 Line Input 用法"程序实现的步骤如下:

图 10.7 "顺序文件的读操作 Line Input 用法"对话框

① 新建一个工程,在工程中添加一个窗口 Form1,将窗体的 Caption 属性设置为"使用 Line Input 语句读取顺序文件"。

② 在窗体上添加一个文本框控件,在属性窗口中将控件的 MultiLine 属性值设置为 True,可以在文本框中输入多行文本信息。

③ 在窗体上添加一个按钮控件,将控件的 Caption 属性设置为"读取"。

④ 双击窗体中的"读取"按钮,在按钮的 Click 事件下添加下面的程序代码:

```
Private Sub Command1_Click()
    Dim strs As String
    '打开文件
    Open App.Path & "\Files\长春信息在线.txt" For Input As #1
    '读取文件
    Do While Not EOF(1)
    Line Input #1, strs
    '使用"vbCrLf"符号实现读完一行信息后换行
    Text1.Text=Text1.Text+strs+vbCrLf
    Loop
    '关闭文件
    Close #1
End Sub
```

通过 Input# 语句和 Line Input# 语句读取文件的示例可以看出,使用 Input 语句可以一次读取文本中的所有信息;而使用 Line Input 语句一次只能读取一行信息,若要读取文本文件中的所有数据信息,需要通过循环语句实现。

Input 函数。

格式:

```
Input(n, [#]<文件号>)
```

功能：返回从顺序文件中读取的连续 n 个字符构成的字符串。

说明：

① Input 函数返回的字符串中包含读到的所有字符，包括作为前导的空格、逗号、双引号、回车和换行符。

② Input 函数读取通常使用 Print ♯ 和 Put ♯ 语句写入的数据。

③ Input 函数仅适用于以顺序和二进制方式打开的文件。

使用 Input 函数也可以将一个文件的内容一次性读出，存放在一个变量中。示例要读取 c：\Files\欢迎.txt 文件中的前 10 个字符，并在 Text1 中显示出来，语句如下：

```
Open "c:\Files\欢迎.txt" For Input As #1
'读取文件
Text1.Text= Input (10, #1)
Close #1
```

上述三种读操作的区别和适用场合为：Input ♯ 语句读取的是文件中的数据项，Line Input ♯ 语句读取的是文件中的一行，Input 函数读取的是文件中的指定数目的字符。

2. 随机文件

随机文件写操作可以用 Put 语句实现，随机文件读取操作用 Get 语句实现。

（1）随机文件的读取操作

Get ♯ 语句。

格式：

```
Get #<文件号> , [记录号], 变量
```

功能：将磁盘文件指定记录号位置中的数据读到变量中。

说明：

① [记录号]：指定读取文件中的第几条记录。记录号是大于 1 的整数，它指定将数据写到文件中的第几条记录上；若默认，则将数据写到下一个记录位置，即最近执行 Get 或 Put 语句后或由最近 Seek 语句所指定的位置；注意，记录号可以默认，但其后的占位符逗号不可以默认。

② 变量的类型要与文件中记录的类型一致，可以是基本类型，也可以是记录类型。

下面通过一个示例"随机文件的读操作"程序来讲解随机文件读操作 Get 语句的具体用法。示例"随机文件的读操作"程序运行时，以随机文件的方式读取应用程序目录下的"欢迎你.txt"第 2 行信息，如图 10.8 与图 10.9 所示。

示例"随机文件的读操作"程序实现的步骤如下：

① 新建一个工程，在工程中添加一个窗口 Form1，将窗体的 Caption 属性设置为"读取随机文件"。

② 在窗体上添加一个文本框控件，在属性窗口中将控件的 MultiLine 属性值设置为 True，可以在文本框中输入多行文本信息。

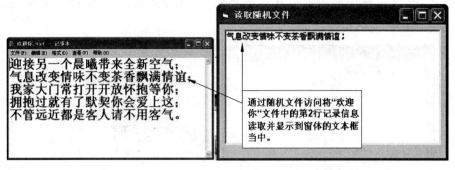

图 10.8　文本中的数据信息图　　　图 10.9　读取并显示随机文件信息

③ 在窗体上添加一个按钮控件,将控件的 Caption 属性设置为"读取"。

④ 双击窗体中的"读取"按钮,在按钮的 Click 事件下添加下面的程序代码:

```
'定义一个用户自定义的数据类型
Private Type MyStyle
    myStr As String * 30
End Type
Private Sub Form_Load()
    Dim Strs As MyStyle, Position
    '打开随机文件
    Open "c:\Files\欢迎你.txt" For Random As #1 Len=Len(Strs)
    '读取随机文件
    Position=2
    Get #1, Position, Strs
    Text1.Text=Strs.myStr
    '关闭文件
    Close #1
End Sub
```

Put # 语句。

格式:

Put #<文件号>, [记录号], 变量

功能:把一个变量数据写入随机<文件号>指定的文件中。

说明:

① [记录号]:指定读取文件中的第几条记录。记录号可以默认,但是其后面的占位符逗号不可以默认。

```
Put #1, , r
```

② 变量的类型要与文件中记录的类型一致,可以是基本类型,也可以是记录类型。

下面通过一个示例"随机文件的写操作"程序来讲解随机文件写操作 Put 语句的具体用法。示例"随机文件的写操作"程序运行时,在文本框中输入指定的数据信息后,单击

"写入"按钮,文本框中的数据信息将被写入"欢迎你!"文件的第 6 行,如图 10.10 与图 10.11 所示。

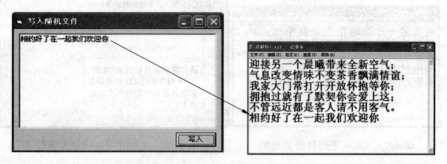

图 10.10　写入随机文件　　　　　图 10.11　写入随机文件后的文本

示例"随机文件的写操作"程序实现的步骤如下:

① 新建一个工程,在工程中添加一个窗口 Form1,将窗体的 Caption 属性设置为"写入随机文件"。

② 在窗体上添加一个文本框控件,在属性窗口中将控件的 MultiLine 属性值设置为 True,可以在文本框中输入多行文本信息。

③ 在窗体上添加一个按钮控件,将控件的 Caption 属性设置为"写入"。

④ 进入代码窗口中,首先在代码窗口中定义一个用户自定义的数据类型 MyStyle,然后双击窗体中"写入"按钮,在按钮的 Click 事件下添加下面的程序代码:

```
'定义一个用户自定义的数据类型
Private Type MyStyle
    myStr As String * 30
End Type
'单击按钮将写入随机文件
Private Sub Command1_Click()
    Dim Strs As MyStyle, Position
    '打开随机文件
    Open "C:\Files\欢迎你!.txt" For Random As #1 Len=Len(Strs)
    '读取随机文件
    Position= 6
    Strs.myStr=Text1.Text
    Put #1, Position, Strs
    '关闭文件
    Close #1
End Sub
```

在使用 Put ♯语句进行数据的写入时,还必须注意数据的长度与 Open 中 Len 子句定义的长度的匹配。Put♯语句通常用于记录的替换和添加。Put ♯或 Get ♯每执行完一次记录的读或写操作,文件读写指针会自动移向下一个记录位置。

用 Get♯语句和 Put♯/语句实现了对随机文件的读写操作,那么如何删除随机文件记录呢？可以将待删除记录的后续记录依次替换写入前一记录位置，实现记录被覆盖式的删除。

3. 二进制文件

二进制文件与随机文件存取类似，不需要读/写之间的切换，在打开 Open 语句后，对文件既可以写，也可以读。读/写随机文件的语句也可用于读/写二进制文件。

（1）二进制文件的写操作

Put♯语句。

格式：

Put [♯]<文件号>, [位置], 变量

功能：从位置指定的字节开始，一次写入长度（字节数）等于变量长度的数据。

（2）二进制文件的读操作

Get♯语句。

格式：

Get [♯]<文件号>, [位置], 变量

功能：从指定位置开始读取长度（字节数）等于变量长度的数据，并存放到该变量中。

说明：可使用 Input 函数读取二进制文件指针当前位置开始指定字节数的字符串。

注意：Put♯或 Get♯语句完成数据读写后，文件的读写指针会向后移动变量长度位置。两个语句在二进制文件和随机文件中的使用方法相同，但二进制存取可以移到文件中的任何一字节位置上，而随机文件存取每次只能移到一个记录的边界上，读取固定个数的字节。

（3）文件指针

在二进制文件中，可以把文件指针移到文件中的任意位置，也可以使用 Seek 语句来实现文件指针定位。

Seek♯语句。

格式：

Seek [♯]<文件号>, <位置>

功能：Seek♯语句用来设置文件中下一个读或写的位置。

说明：<文件号>同前所述。<位置>用来指定下一个要读/写的位置，其值在 $1 \sim 2^{31} - 1$ 的范围内。

下面通过一个示例"二进制文件的操作"程序来讲解二进制文件操作语句的具体用法。示例"二进制文件的操作"程序运行时，单击文件复制对话框，将弹出源文件选择对话框，选择拷贝的源文件，单击确认，然后弹出可选择的目的文件位置。

示例"二进制文件的操作"程序实现的步骤如下。

① 新建一个工程，在工程中添加一个窗口 Form1，并将窗体的 Caption 属性设置为"二进制文件的操作"。

② 进入代码窗口,添加下面的程序代码:

```
Option Explicit
Private Sub Form_Click()                        '任意文件的复制
    Dim sfile As String, dfile As String, s As Byte
    CD1.DialogTitle="请选择复制操作的源文件"
    CD1.ShowOpen
    If CD1.FileName <>"" Then
        sfile=CD1.FileName
        '获取源文件名(包含路径)
        CD1.DialogTitle="请选择复制操作的目标文件"
        CD1.ShowSave
        If CD1.FileName <>"" Then
            dfile=CD1.FileName
            '获取目标文件名(包含路径)
            Open sfile For Binary As #1
            '以二进制方式打开源文件
            Open dfile For Binary As #2
            '以二进制方式打开目标文件
            Do While Loc(1) <LOF(1)
            '使用 Lof 和 Loc 函数确定文件是否结束
                Get #1,, s                      '从源文件中读取一个字节,存入变量 s 中
                Put #2,, s                      '将读取的字节写入目标文件中
            Loop
            MsgBox "File Copy Success!"
        Else
            MsgBox "请选择复制操作的目标文件"
        End If
        Close                                   '关闭文件
    Else
        MsgBox "请选择复制操作的源文件"
    End If
End Sub
```

对二进制访问模式的文件进行读操作时,除使用 Eof 函数判断文件是否结束外,还可以结合使用 Lof 和 Loc 函数确定文件是否结束: Lof 函数返回文件长度, Loc 函数返回打开文件的指针的当前位置;如果 Loc 函数值等于 Lof 函数值,则说明文件已读完。

10.3.3 文件操作

读写操作是文件操作的重要组成部分,它针对的是文件内容。除此之外,文件操作还有删除、复制和重命名等,这些操作主要针对文件整体。VB 提供了一组语句和函数,使程序员可以对文件或者目录进行一些维护性操作。

1. 文件操作语句

(1) Seek 语句

格式：

```
Seek [#]文件号,位置
```

功能：设置下一个读写位置。

说明：对于顺序文件，"位置"是指字节数；对于随机文件来说，"位置"是指记录号。若位置为 0 或负，将产生出错信息"错误的记录号"。当位置超出文件长度时，对文件的写操作将自动扩展该文件。

(2) 锁定和解锁语句

格式：

```
Lock [#]文件号[,记录范围]
Unlock [#]文件号[,记录范围]
```

功能：Lock 语句的功能是禁止其他过程对一个已经打开文件的全部或部分进行存取操作。Unlock 语句的功能是释放由 Lock 语句设置的对一个文件的多重访问保护。

说明：对于二进制访问的文件，锁定或解锁的是字节范围；对于随机文件，锁定或解锁的是记录范围；对于顺序文件，锁定或解锁的是整个文件，即使指明了范围也不起作用。记录范围有如下形式：

① n 表示锁定或解锁第 n 条记录或字节。

② n1 to n2 表示锁定或解锁的是从 n1～n2 之间的所有记录或字节。

③ To n 表示锁定或解锁的是 1～n 之间的所有记录或字节。若默认记录范围，则表示锁定或解锁整个文件。

Lock 与 Unlock 语句总是成对出现的，Unlock 语句的参数必须与它所对应的 Lock 语句中的参数严格匹配。注意，在关闭文件或结束程序之前，必须用 Unlock 语句对先前锁定的文件解锁，否则可能产生难以预料的错误。

(3) FileCopy 语句

格式：

```
FileCopy 源文件名,目标文件名
```

功能：将源文件复制到目标文件。

说明：FileCopy 语句不能复制一个已打开的文件；文件名中不能使用通配符。

示例代码如下：

```
FileCopy "a1.doc", "b1.doc"
FileCopy "c:\a1.doc", "d:\b1.doc"
```

(4) Kill 语句

格式：

```
Kill 文件名
```

功能：删除文件名指定的文件。

说明：不能删除一个已打开的文件；文件名中可以包含通配符"*"和"?"。

Kill 语句在执行时没有任何提示信息，具有一定的危险性。为安全起见，使用该语句时，一定要在删除文件前给予适当的提示信息。示例代码如下：

```
'假设字符串变量 FileName 中保存待删除的文件名,若用户确认删除,才删除该文件
If MsgBox("确定要删除文件" & FileName & "吗?", vbYesNo)=vbYes  Then  Kill FileName
```

Visual Basic 没有提供专门的移动文件的语句。实际上先用 FileCopy 语句拷贝文件，然后用 Kill 语句将原文件删除即可实现，此外，也可以用 Name 语句实现。

（5）Name 语句

格式：

```
Name 原文件名 As 新文件名
```

功能：重命名一个文件或文件夹，或者移动文件。

说明：如果重命名一个原文件名不存在，或者新文件名已经存在，或者是已打开的文件，都将发生错误；文件名中不能使用通配符。

在同一盘符驱动器上的文件，Name 可以重命名，也可以跨越驱动器移动文件。如果"新文件名"指定的路径存在并且与"原文件名"指定的路径相同，则 Name 语句将文件重命名；如果"新文件名"指定的路径存在并且与"原文件名"指定的路径不同，则 Name 语句将把文件移到新的目录下，并更改文件名；如果"新文件名"与"原文件名"指定的路径不同但文件名相同，则 Name 语句将把文件移到新的目录下，且保持文件名不变。

（6）CurDir 语句

格式：

```
CurDir[(驱动器名)]
```

功能：返回或确定某驱动器的当前目录。

说明：若默认驱动器名或为空串，则 CurDir 返回当前驱动器的当前目录路径。

（7）ChDrive 语句

格式：

```
ChDrive 驱动器名
```

功能：改变当前驱动器。

说明：驱动器名字符串中只接收第 1 个字母，示例代码如下。

如：

```
ChDrive "D"          '将当前驱动器改为 D 盘,等价于 ChDrive "D:\"
```

（8）MkDir 语句

格式：

```
MkDir 目录名
```

功能：新建一个目录（文件夹）。

（9）ChDir 语句

格式：

```
ChDir 目录名
```

功能：改变当前目录。

说明：当前目录的改变不会改变当前驱动器，示例代码如下。

```
ChDir "D:\DataFile"        '改变驱动器 D 上的默认目录,但默认驱动器没有发生改变
```

（10）RmDir 语句

格式：

```
RmDir 目录名
```

功能：删除一个已有的空目录。

说明：用 RmDir 语句不能删除含有文件的目录，必须先使用 Kill 语句删除该目录下的所有文件后才能删除该目录。

（11）SetAttr 语句

格式：

```
SetAttr 文件名,属性
```

功能：设置某个文件的属性。

说明：属性参数是以数值表达式或常量形式来表示文件的属性。

vbNormal 或 0 表示常规属性、vbReadOnly 或 1 表示只读属性、vbHidden 或 2 表示隐藏属性、vbSystem 或 4 表示系统文件属性、vbArchive 或 32 表示上次备份以后文件已经改变返回。如果给一个已经打开的文件设置属性，则会产生运行时错误。

2. 文件操作函数

（1）FreeFile 函数

FreeFile 函数的格式为：

```
FreeFile[(n)]
```

该函数的作用是，返回一个在程序中尚未使用的文件号。

（2）LOF 函数

LOF 函数的格式为：

```
LOF(文件号)
```

该函数的作用是，返回指定文件的长度（字节数）。

（3）EOF 函数

EOF 函数的格式为：

EOF(文件号)

该函数的作用是,检测当前操作是否到达文件的尾部。

(4) Seek 函数

Seek 函数的格式为:

Seek(文件号)

该函数的作用是,返回文件的当前读写位置。

(5) CurDir 函数

CurDir 函数的格式为:

CurDir[(驱动器名)]

该函数的作用是,返回指定驱动器的当前目录。

(6) Shell 函数

Shell 函数的格式为:

Shell(文件名[,窗口类型])

该函数的作用是,调用并运行指定的可执行文件。

10.3.4 文件系统控制

Visual Basic 6.0 中提供了 3 种能直接浏览系统的磁盘、目录结构和文件情况的文件系统控件,即驱动器列表框(DriveListBox)、目录列表框(DirListBox)和文件列表框(FileListBox),如图 10.12 所示。可利用这 3 种控件建立与文件管理器类似的窗口界面。

图 10.12　文件系统控件

1. 驱动器列表框

驱动器列表框控件用来列出系统中的全部有效驱动器,默认情况下显示系统当前的驱动器,用户也可以从下拉式列表框中选择所需的驱动器。在 VB 的工具箱中,驱动器列表框控件的图标是 ▭ 。

(1) Drive 属性

用来设置或返回所选择的驱动器名。Drive 属性不能在属性窗口中设置,只能在程序运行时设置,对驱动器列表框选择操作设置,或在程序代码中用语句设置。驱动器列表框常用属性如表 10.1 所示。

表 10.1　驱动器列表框的常用属性

属性	作　　用
Name	设置驱动器列表框的对象名,程序第一个驱动器列表框控件的默认对象名是 Drivel
Drive	设置所选择的驱动器名
List	确定驱动器列表框所显示的驱动器列表
ListCount	确定驱动器列表框中驱动器的总数
ListIndex	确定当前驱动器在驱动器列表框中的索引

说明:

① Drive 是驱动器列表框控件最重要的属性,其属性值只能通过程序代码设置。

② List 是一个字符串数组,其中每一个元素都存放了一个有效的驱动器名和卷标。

使用格式如下:

驱动器列表框名.Drive [=驱动器名]

例如:Drive1. Drive＝"C",默认情况下,Drive 属性表示驱动器列表框中选中的驱动器。

从驱动器列表框中选择驱动器或用代码修改 Drive 属性并不能使计算机系统自动改变当前驱动器。必须通过 ChDrive 语句来实现当前驱动器的更改,使用格式如下:

ChDrive Drive1.Drive

同样,ChDrive 语句不会改变驱动器列表框中的选项,而是仅修改系统的当前驱动器号。

(2) Change 事件

每次重新选择驱动器列表框中的选项或修改驱动器列表框的 Drive 属性时都会触发 Change 事件。示例代码如下:

```
Private Sub Drive1_Change()
    ChDrive Drive1.Drive                '改变计算机系统当前驱动器
End Sub
```

下面通过一个示例"驱动器列表框具体应用"程序来讲解驱动器列表框的具体用法。示例"驱动器列表框具体应用"程序运行时,在驱动器列表框中选择某一个驱动器之后,将弹出一个显示所选择驱动器的提示对话框,如图 10.13 所示。

图 10.13　驱动器列表框具体应用

示例程序实现的步骤如下：

① 新建一个工程，在工程中添加一个窗口 Form1，将窗体的 Caption 属性设置为 "DriveListBox 控件的具体应用"。

② 在窗体上添加一个驱动器列表框控件。

③ 进入代码窗口，在代码窗口的对象列表框中选择 Drive1 对象，在过程列表框中选择 Drive1 对象的 Change 事件。在 Drive1 对象的 Change 事件下添加代码。

```
'选择驱动器信息
Private Sub Drive1_Change()
    Dim i As Integer
    i=Drive1.ListIndex
    MsgBox "您选择的磁盘是："& Drive1.List(i), 64, "选择驱动器信息"
End Sub
```

2. 目录列表框

目录列表框控件用来显示系统当前驱动器上的目录结构，初始状态下只显示当前驱动器的根目录和当前目录。程序运行时如果用户双击某个子目录，就可以使它成为当前目录。在 VB 工具箱中，目录列表框控件的图标是 。

(1) 属性

目录列表框常用属性如表 10.2 所示。

表 10.2　目录列表框的常用属性

属性	作　用
Name	设置目录列表框的对象名，程序第一个目录列表框控件的默认对象名是 Dir1
Path	设置当前目录
List	确定当前目录下的子目录列表
ListCount	确定当前目录下子目录的总数
ListIndex	确定当前目录在目录列表中的索引

说明：

① 目录列表框只能显示当前驱动器上的目录，如果要显示其他驱动器上的目录，则必须修改 Path 属性，从而改变路径。可以使用语句来修改当前的目录，如 Dir1.Path= "D:\123"。在应用程序中，也可以用 Application 系统对象（对象名为 App）将当前目录设置成应用程序的可执行文件所在的目录。

② List 是一个字符串数组，其中每一个元素都存放了当前目录下的一个子目录名。

③ 当前目录的 ListIndex 属性值是−1。如果当前目录包含子目录，则每一个子目录的 ListIndex 属性值依次从 0 到 ListCount−1；如果当前目录有父目录，则父目录的 ListIndex 属性值是−2，依此类推。

一般来说，在同一个窗体中将目录列表框和驱动器列表框联合起来使用表示驱动器和目录信息，并且希望在目录列表框中显示驱动器列表框的当前驱动器中的目录信息。

这时,可以在驱动器列表框的 Change 事件中设置目录列表框的当前目录,示例代码如下:

```
Private Sub Drive1_Change()              '实现目录列表框与驱动器列表框的同步变化
    Dir1.Path=Drive1.Drive
End Sub
```

3. Change 事件

每次用户双击重新选择目录列表框中的选项,或在代码中修改目录列表框的 Path 属性时都会触发 Change 事件。示例代码如下:

```
Private Sub Dir1_Change()
    ChDir Dir1.Path                      '将目录列表框中的当前目录设置为系统当前文件夹
End Sub
```

下面通过一个示例"目录列表框具体应用"程序来介绍驱动器列表框的具体用法。示例"目录列表框具体应用"程序运行时,在目录列表框中选择某一个文件夹之后,在窗体的标签控件中显示所选择文件夹的路径信息和该文件夹下子文件的个数信息,如图 10.14 所示。

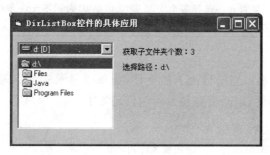

图 10.14　目录列表框的具体应用

示例程序实现的步骤如下:

① 新建一个工程,在工程中添加一个窗口 Form1,将窗体的 Caption 属性设置为"DirListBox 控件的具体应用"。

② 在窗体上添加一个驱动器列表框控件和一个目录列表框控件。

③ 在窗体上添加两个标签控件。

④ 进入代码窗口,在代码窗口的对象列表框中选择 Drive1 对象,在过程列表框中选择 Drive1 对象的 Change 事件。在 Drive1 对象的 Change 事件和 Dir1 对象的 Change 事件下添加代码。

```
Private Sub Dir1_Change()
    '获取子文件夹个数
    Label1.Caption="获取子文件夹个数:"& Dir1.ListCount
    '获得选择文件夹的路径
    Label2.Caption="选择路径:"& Dir1.Path
```

```
End Sub
'选择驱动器信息
Private Sub Drive1_Change()
    Dir1.Path=Drive1.Drive
End Sub
```

4. 文件列表框

文件列表框控件用来显示指定目录下的所有文件,初始状态下显示当前目录下的文件。在 VB 工具箱中,目录列表框控件的图标是▤。

(1) 属性

文件列表框的常用属性如表 10.3 所示。

表 10.3　文件列表框的常用属性

属性	作　　用
Name	设置文件列表框的对象名,程序第一个文件列表框控件的默认对象名是 File1
FileName	确定所选中的文件名
Path	设置显示的文件所在目录
Pattern	设置所显示文件的类型
MultiSelect	确定是否允许选择多个文件,默认值是 0,表示不允许多选
ListCount	确定所显示文件的总数

说明:

① 文件列表框只显示当前目录下的文件,如果要显示其他目录下的文件,必须在程序代码中修改 Path 属性,以改变路径。示例代码如下:

```
File1.Path="D:\lcq"
File1.Path=Dir1.Path            '语句使文件列表框与目录列表框同步
```

② Pattern 是一个字符串,默认值是"＊.＊"。可以为文件列表框所显示的文件设置多种类型,类型之间用分号(;)进行分隔。

③ FileName 用来设置和返回文件列表框中被选定文件的文件名称,这是一个运行态属性,可使用语句修改该属性,示例代码如下:

```
File1.FileName="NotePad.exe"
```
'表示将 File1 的 FileName 属性改为"NotePad.exe",并且在文件列表框中选定显示 NotePad.exe 文件

注意,FileName 属性本身不包含文件的路径,这与通用对话框中的 FileName 属性不同。若要利用文件系统控件浏览文件或进行打开、复制等操作,必须获取文件完整的路径信息。因此,往往采用文件列表框的 Path 和 FileName 属性值字符串连接的方法来获取带路径的文件名。

(2) 事件

表 10.4 列出了文件列表框的一些常用事件。

表 10.4　文件列表框的常用事件

属性	来　源
PathChange	文件列表框的 Path 属性值发生改变
PatternChange	文件列表框的 Pattern 属性值发生改变
Click	单击文件列表框中的一个文件名
DblClick	双击文件列表框中的一个文件名

说明：

① 当文件列表框的 Path 属性改变时触发 PathChange 事件。以下两条语句都将导致程序触发文件列表框 File1 的 PathChange 事件：

```
File1.Path=Dir1.Path
File1.FileName="D:\myfile.exe"          '带有改变的路径式修改 FileName
```

② 当文件列表框的 Pattern 属性被改变时触发 PatternChange 事件,此事件常被用来对用户自定义的 Pattern 属性进行判断。

③ 通过文件列表框的 Click 事件,获取所选中的文件名 File1.FileName;通过文件列表框的 DblClick 事件,对所双击的文件进行处理。例如,双击文本文件,打开显示内容;双击应用程序文件,执行该程序。

在实际编程时,这 3 个文件系统控件通常会同时使用,已构成一个文件管理系统。如果改变了驱动器列表框中的驱动器名,目录列表框中的目录也要随之改变为该驱动器上的目录,同时文件列表框中显示的文件也要改变为该目录下的文件。

下面通过一个示例"文件列表框具体应用"程序介绍驱动器列表框的具体用法。示例"文件列表框具体应用"程序运行时,从驱动器列表框中选择驱动器信息之后,在目录列表框中显示该驱动器下的所有文件夹信息;目录列表框中选择一个文件夹之后,则在文件夹列表框中显示该文件夹下所有的文件信息;文件列表框中选择某一个文件之后,在窗体的标签控件中显示所选择文件的名称信息,如图 10.15 所示。

示例程序实现的步骤如下。

① 新建一个工程,在工程中添加一个窗口 Form1,将窗体的 Caption 属性设置为"FileListBox 控件的具体应用"。

② 在窗体上添加一个驱动器列表框控件、一个目录列表框控件和一个文件列表框控件。

③ 在窗体上添加一个标签控件。

④ 进入代码窗口,添加代码。

```
'选择文件夹
Private Sub Dir1_Change()
    File1.Path=Dir1.Path
End Sub
'选择驱动器信息
Private Sub Drive1_Change()
    Dir1.Path=Drive1.Drive
```

```
End Sub
```
'显示所选择的文件
```
Private Sub File1_Click()
    Label1.Caption="文件名称: "& File1.FileName
End Sub
```

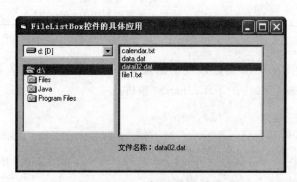

图 10.15　文件列表框的具体应用

10.4　实现步骤

在窗体上添加四个命令按钮、三个文本框、四个标签和两个单选按钮,设计好的程序界面如图 10.1 所示。

属性设置步骤如下:

① 新建一个工程,在工程中添加一个窗口 Form1,将窗体的 Caption 属性设置为"员工管理"。

② 在窗体上添加一个文本框控件,在属性窗口中将控件的 MultiLine 属性值设置为 True,可以在文本框中输入多行文本信息。

③ 在窗体上添加一个按钮控件,将控件的 Caption 属性设置为"增加"。

④ 在窗体上添加一个按钮控件,将控件的 Caption 属性设置为"浏览"。

⑤ 在窗体上添加一个按钮控件,将控件的 Caption 属性设置为"查找"。

⑥ 在窗体上添加一个按钮控件,将控件的 Caption 属性设置为"退出"。

⑦ 在窗体上添加一个文本框控件,可以在文本框中输入单行工号信息。

⑧ 在窗体上添加一个文本框控件,可以在文本框中输入单行姓名信息。

⑨ 在窗体上添加一个文本框控件,可以在文本框中输入单行工资信息。

⑩ 在窗体上添加两个单选按钮,在属性窗口中将控件的 Caption 属性值分别设置为男和女。

下面进行代码的编写,首先在窗体的通用部分定义自定义类型 emp,并声明 emp 类型变量 r,以便对员工信息进行引用操作。

```
Private Type emp                                    '定义用户自定义类型
    num As String * 6
```

```
        name As String * 6
        sex As String * 2
        sal As Single
End Type
Dim r As emp, n As Integer                              '声明记录变量 r;声明变量 n


'命令按钮 Command1 的单击事件把工号、姓名、性别和工资写入职工信息
Private Sub Command1_Click()
    Open "d:\data.dat" For Random As #1 Len=Len(r)      '打开随机文件 data.dat
    n=LOF(1) / Len(r)
    r.num=Val(Text2.Text)
    r.name=Text3.Text
    If Option1.Value=True Then
        r.sex="男"
    Else
        r.sex="女"
    End If
    r.sal=Val(Text4.Text)
    n=n+1
    Put #1, n, r
    Text2.Text=""
    Text3.Text=""
    Text4.Text=""
    Text2.SetFocus
    Close #1
End Sub


'命令按钮 Command2 的单击事件浏览全部职工信息
Private Sub Command2_Click()
    Dim i As Integer
    Open "d:\data.dat" For Random As #1 Len=Len(r)
    n=LOF(1) / Len(r)
    If n=0 Then
        MsgBox ("没有任何记录!")
        Close #1
        Exit Sub
    End If
    For i=1 To n
        Get #1, i, r
        Text1.Text=Text1.Text & r.num & "," & r.name & "," & r.sex
        Text1.Text=Text1.Text & ",工资 " & r.sal & Chr(13)+Chr(10)
    Next i
    Close #1
End Sub
```

'命令按钮 Command3 的单击事件,弹出输入员工姓名信息,完成员工信息查找

```
Private Sub Command3_Click()
    Dim s As String * 6, flag As Boolean
    Open "d:\data.dat" For Random As #1 Len=Len(r)
    n=LOF(1) / Len(r)
    s=InputBox("请输入姓名:")
    flag=False
    For i=1 To n
        Get #1, i, r
        If s=r.name Then
            flag=True
            Exit For
        End If
    Next i
    If flag=True Then
        Text1.Text="找到"+s+Chr(13)+Chr(10)
        Text1.Text=Text1.Text & r.num & "," & r.name & "," & r.sex
        Text1.Text=Text1.Text & ",工资" & r.sal & Chr(13)+Chr(10)
    Else
        Text1.Text="没有找到"+s+Chr(13)+Chr(10)
    End If
    Close #1
End Sub
```

'命令按钮 Command 的单击事件,退出员工管理系统

```
Private Sub Command4_Click()
    End
End Sub
```

第 11 章　程序调试与错误处理

本章的教学目标：

- 了解使用 Visual Basic 程序调试的方法，了解使用运行断点、使用调试窗口、设置错误捕获等实现程序调试和程序错误处理的方法。

11.1　目标任务

能用各种调试方式调试"贷款计算"代码，如图 11.1 所示。

```
工程1 - LoanCaculate (Code)

Command1                              Click

Private Sub Command1_Click()
Dim itemX As ListItem
Dim month As Integer
Dim amount As Single
Dim MonthRate As Single
Dim remainder As Single
amount = CSng(txtAmount.Text)
remainder = amount
month = CInt(txtTerm.Text) * 12
MonthRate = CSng(txtRate.Text) / (100 * 12)
If Combo1.Text = "等额本金" Then
     Lv1.ListItems.Clear
     For i = 1 To month
        Set itemX = Lv1.ListItems.Add()
        itemX.Text = i & "期"
        chbj = CCur(amount / month)
        chlx = CCur(remainder * MonthRate)
        che = chbj + chlx
        remainder = remainder - chbj
        itemX.SubItems(1) = chlx
        itemX.SubItems(2) = chbj
        itemX.SubItems(3) = che
        itemX.SubItems(4) = remainder
     Next
ElseIf Combo1.Text = "等额本息" Then
     Lv1.ListItems.Clear
     For i = 1 To month
        Set itemX = Lv1.ListItems.Add()
        itemX.Text = i & "期"
        che = CCur(amount * MonthRate * (1 + MonthRate) ^ month / ((1 + MonthRate) ^ month - 1))
        chlx = CCur(remainder * MonthRate)
        chbj = che - chlx
        remainder = remainder - chbj
        itemX.SubItems(1) = chlx
        itemX.SubItems(2) = chbj
        itemX.SubItems(3) = che
        itemX.SubItems(4) = remainder
     Next
End If
End Sub
```

图 11.1　"贷款计算"代码

11.2　基础知识

在生活中，办任何事情都不可能完全不出错，编写程序代码也是一样。程序在编写完成之后，需要有步骤地进行调试和完善，最后才能拿给用户使用。在编写程序中难免会出现错误，从而导致程序不能运行或者得不到正确的结果。如何跟踪、避免和处理错误，是学习程序面临的不可回避的问题。

11.2.1 错误类型

常见的错误类型有 3 种：语法错误、执行错误和逻辑错误。

先给出一个简单的程序：使用随机函数生成 30 个学生的数学成绩，并求其中的最高分。解决该问题的方法如下，可以将它们放在窗体的 Click 事件中。为了便于说明，将此程序称为"示例程序"，并注明行号。

```
Private Sub Form_Click()
1    Dim grade As Integer, i As Integer, max As Integer
2    Print "30个学生的数学成绩是:"
3    grade= Int(101 * Rnd)               '生成第一个成绩
4    Print grade;
5    max= grade                          '设置最大值为第一个数
6    For i= 2 To 30                      '从第 2 个数开始比较
7        grad e= Int(101 * Rnd)         '随机生成百分制成绩
8        Print grade;
9        If i Mod 10= 0 Then Print
10       If grade> max Then max= grade
11   Next i
12   Print "最高分是"; max
End Sub
```

1. 语法错误

在编译代码时出现的错误称为语法错误，也可称为编译错误。这类错误的产生大部分都是由于程序代码编写得不规范而引起的，如对象名或函数书写错误、语法格式书写不正确等。

Visual Basic 提供的自动语法检测功能能够自动检测到语法错误，在编写代码中，只要输入一行含有语法错误的代码并按回车键后，Visual Basic 就会立即显示错误信息，同时将出错的代码行显示为红色。具体实现的方法如下。

（1）在开发环境中的"工具"菜单下选择"选项"命令，将弹出"选项窗口"。

（2）在"选项"窗口中选择"编译器"选项卡，然后在该卡的"代码设置"栏中选取"自动语法检测"选项，如图 11.2 所示。

（3）单击"确定"按钮完成设置。

在设置了"自动语法检测"之后，如果在程序代码中书写了错误的语法结构或对象名称，当光标离开该语句行时，开发环境将会自动弹出一个提示对话框，并且在对话框中显示错误的信息。

例如，在"示例程序"中，如果在输入第 8 行时，将 Print 误写成 Printe，即第 8 行变为：

```
Printe grade;
```

当输入该行代码并按回车键后，Visual Basic 将会自动检测到该语法错误并弹出错误

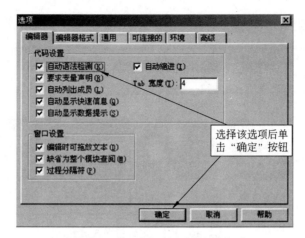

图 11.2　设置"自动语法检测"选项

信息提示对话框,如图 11.3 所示。

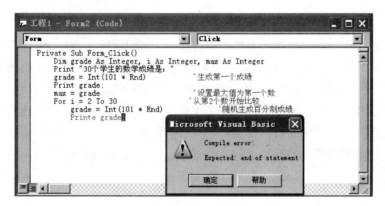

图 11.3　语法错误

2. 逻辑错误

逻辑错误是指产生预料之外或不希望的结果的错误。从语法角度来看,代码是正确的,运行过程也顺利,但是却产生了不正确的结果,其原因是程序中的处理逻辑出现错误。产生这类错误的原因是多方面的,可能是算法设计有问题,或程序编写有错等。

例如,将"示例程序"中的第 6 行"For i＝2 To 30'从第 2 个数开始比较"改为

```
For i=1 To 30
```

运行结果如图 11.4 所示。

改后的第六行代码没有任何语法错误,程序也可以运行,但运行结果不正确,输出结果是 31 名学生的数学成绩,而不是 30 名学生的数学成绩,其原因是存在逻辑错误。

逻辑错误是这 3 种错误类型中比较头痛的一种错误类型。严重的逻辑错误可能会使系统崩溃,例如在应用程序当中出现死循环时,可能会出现无法退出程序或内存溢出等情况。

图 11.4　逻辑错误

逻辑错误应用程序无法自动捕获,需要不断地进行调试才能够被发现。

3. 执行错误

执行错误是指运行过程中由于某些情况的出现而引起的错误。相对于语法错误,程序运行错误比较难于发现。例如,假设程序要通过网络访问数据库服务器读写信息,如果数据库正常运行,而且该程序的所有计算机能够顺利访问到数据库,则程序可能不会出现错误。但如果数据库由于某些原因停止了工作,这时程序如果把信息写到数据库,则可能造成数据丢失。某些系统硬件问题、数组下标越界,均会引起运行错误。

例如,将"示例程序"中的第 10 行"If i Mod 10＝0 Then Print"改为:

```
If i/0=0 Then Print
```

则 Visual Basic 编译时不会发现其中的错误,而且可以生成可执行文件,但在运行时会出现如图 11.5 所示的错误信息提示。

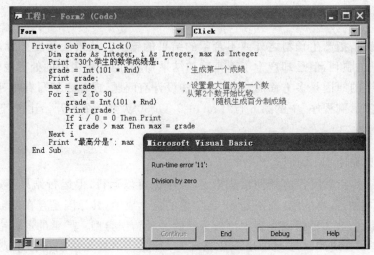

图 11.5　运行异常错误

11.2.2　如何调试程序

程序调试是程序设计中必不可少的重要一环。刚刚设计好的程序可能存在各种各样的错误，Visual Basic 提供了一系列用于调试程序的手段，从而使程序员快速发现问题、判断错误、纠正错误成为可能。

常用的程序调试方法包括设置断点、使用调试窗口、单步调试和跳跃调试等。

下面通过示例"判断 x 是不是素数"程序讨论程序的调试。示例"判断 x 是不是素数"通过文本框输入一个整数 x，判断整数 x 是不是素数，并输出。对应代码如下：

```
Private Sub Command1_Click()
    Dim x As Integer, i As Integer
    x=Val(Text1.Text)
    If x >1 Then
        For i=2 To x-1
            If x Mod i=0 Then Exit For
        Next i
        If i=x Then
            MsgBox x & "是素数"
        Else
            MsgBox x & "不是素数"
        End If
    Else
        MsgBox "x必须大于1"
    End If
End Sub
```

运行"判断 x 是不是素数"程序，在文本框中输入"7"，则在输出文本框中显示求素数结果为"7 是素数"，如图 11.6 所示。

图 11.6　"判断 x 是不是素数"程序的运行结果

1. 中断模式

Visual Basic 集成开发环境有三种工作模式：设计模式、运行模式和中断模式。在设计状态,可以改变应用程序的设计和代码,但不能立即看到这些变更对程序运行产生的影响;在运行程序时,可以观察程序的运行状态,但不能直接变更代码。通过断点的设置,Visual Basic可以终止程序的运行,在该工作模式下可以暂停或挂起应用程序的执行,使程序进入调试状态,然后编程人员使用调试工具了解程序的运行情况,进而发现错误。

要想实现中断模式下的跟踪、监视及修改等操作,进而发现逻辑错误,首先必须进入中断模式。进入中断模式的方法主要包括:

(1) 在设计状态下在代码中设置断点。当程序执行到带有断点的语句时,进入中断模式。

(2) 在程序运行过程中,按Ctrl+Break键进入中断模式。

(3) 在程序运行过程中,单击工具栏上的"中断"按钮。

(4) 在程序运行过程中,单击"运行"菜单中的"中断"命令。

(5) 设计时,在代码中写入"Stop"语句,当程序运行执行到该语句时进入中断模式。

(6) 在程序运行过程中,产生一个运行时错误时,出现一个对话框,在该对话框中单击"调试"按钮,进入中断模式。

2. 断点的设置与取消

当程序执行到带有断点的语句时,进入中断模式。断点是加在过程代码行上的标志。在查找错误的过程中,当怀疑某条语句或某段语句可能存在隐藏的错误时,在该语句或相关的语句上设置断点。程序运行后,当执行到断点标志时,则挂起程序运行,从而提供调试程序、发现错误的机会。

设置运行断点的方法主要包括:

(1) 在设计状态下进入"代码编辑器",将光标放到准备设置断点的语句行上,在代码窗口中单击最左边的灰色区域,使之出现一个棕色"•"标志,对应的代码行被同时加亮,则此处便设置了断点。

(2) 将光标移动到设置断点的代码行,单击"调试"工具栏上的"切换断点"按钮。

(3) 将光标移动到设置断点的代码行,单击"调试"菜单栏中的"切换断点"命令。

(4) 将光标移动到设置断点的代码行,按F9键。

设置断点的情况如图11.7和图11.8所示。

在图11.8中,添加了Stop语句来设置断点,程序运行到断点处,自动停止运行,并且不执行包含断点的代码行,进入中断模式。此时,将光标移动到某个变量和表达式上,系统会立即显示该变量或表达式的值。

断点设置之后,该行代码将以红底白字的形式显示,并在页边指示器中用红色圆点加以标志,表示此行代码已经设置了断点。程序执行到该行后,程序被挂起,进入中断模式。加入中断模式后,断点所在行将以黄底黑色显示,而且页边指示器中将会出现一个黄色的箭头,表示此行是被中断程序的执行点。

找到错误后,程序代码行上的断点就没有存在的意义了,因此必须取消。要清除断点,只需将上述操作重复一次,断点便被撤销。也可以打开"调试"菜单,选择"清除所有断点"命令。Visual Basic允许在一行上有多条语句,其间用冒号分隔。这种具有多个语句

图 11.7 设置断点的代码

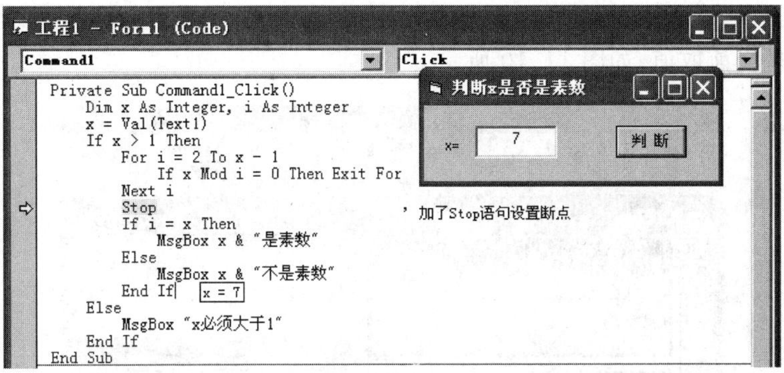

图 11.8 添加 Stop 语句设置断点的代码

的行中,断点只被设置在第一个语句上。

3. 使用调试窗口

有些问题和错误往往需要通过对数据的变化进行分析才能发现。当程序处于中断模式时,可以使用三个窗口来监视变量或表达式的值,它们是"本地"窗口、"立即"窗口和"监视"窗口。

(1)"本地"窗口主要用于显示当前过程中的所有变量,包括过程中定义的局部变量和过程中使用的模块级变量的值及其变化过程。当程序中出现过程调用时,随着过程的切换,"本地"窗口中的内容也随之变化,显示当前被执行过程中变量的取值。

"本地"窗口通常不出现在 Visual Basic 开发环境中,因此要使用"本地"窗口进行程序调试,必须打开它。打开"本地"窗口的方法有两种:一种是单击"视图"菜单中的"本地"窗口命令;另一种是单击"调试"工具栏上的"本地"窗口按钮。

下面以示例"判断 x 是不是素数"程序来说明"本地"窗口的使用。打开"本地"窗口,然后运行工程。"本地"窗口中显示的是事件 Command1_Click()中的变量及当前值,如图 11.9 所示。

从图 11.9 中可以看出,此时"本地"窗口显示的是 Command1_Click()过程的变量,

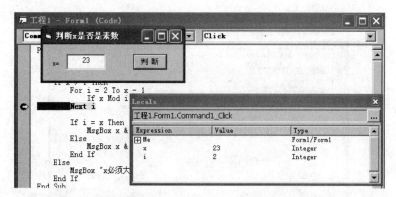

图 11.9　"本地"窗口显示 Command1_Click()过程中的变量

如 x 和 i 的当前取值和类型描述。"Me"代表当前窗体,将它展开,可以看到有关窗体对象属性的当前取值。用鼠标单击工具栏"继续"按钮时,程序继续执行,此时"本地"窗口中立即显示变量当前取值,如图 11.10 所示。

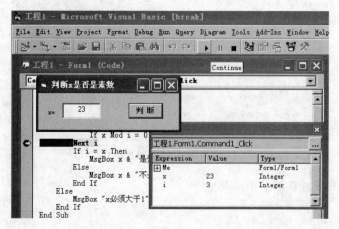

图 11.10　"本地"窗口显示运行过程中的变量值

（2）"立即"窗口显示正在调试的代码产生的信息。可以直接在该窗口中输入命令请求这些信息查看变量、表达式、对象属性的取值变化,也可以在"立即"窗口中执行语句代码,比如进行变量、属性值的设置,改变程序的执行流程等操作。

通常"立即"窗口不出现在 Visual Basic 集成开发环境中,因此要想使用"立即"窗口进行程序调试,必须打开它。打开的方式有两种:一种方式是单击"视图"菜单中的"立即"命令;另一种方式是单击"调试"工具栏上的"立即"窗口按钮。

在中断模式下要想通过"立即"窗口查看程序中变量、表达式及属性的当前取值,可以采用以下步骤:

① 直接在"立即"窗口中输入 Print 或"?"。

② 输入要查看的变量或表达式。

③ 按回车键("Enter")执行。

对于"判断 x 是不是素数"程序代码,如果查看语句"Next i"执行后变量 i 的当前取值，则在"立即"窗口中输入 Print i，然后按回车键，在"立即"窗口中随即显示变量 i 的当前值，如图 11.11 所示。

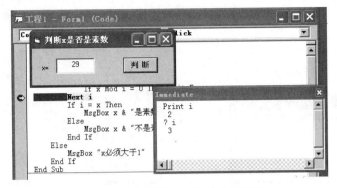

图 11.11　"立即"窗口显示变量的值

在调试程序中，为了能够有效地确定产生错误的位置和原因，仅靠显示、跟踪变量、表达式的值是远远不够的，有时也需要直接设置有关变量、属性的值，或执行条、一段代码。若要在"立即"窗口中设置变量或属性的值，可直接输入相应的赋值语句，并按回车键执行。例如，将变量 i 的值重新设置为 10 后，再执行代码，如图 11.12 所示。

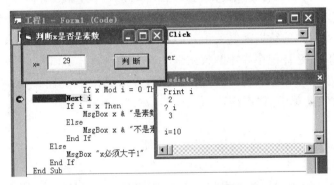

图 11.12　"立即"窗口设置变量的值

"立即"窗口是调试程序时使用最多的窗口，它最容易使用，功能也很强。在使用"立即"窗口时，应注意以下几点：

① "立即"窗口执行以行为单位。

② "立即"窗口不能进行自动语法检测。

③ "立即"窗口回车键不用于换行，而是用于执行相应操作。

（3）"监视"窗口用于显示当前监视表达式信息。"监视"窗口通常不出现在 Visual Basic 集成开发环境中，因此想要使用"监视"窗口进行程序调试，必须打开它。打开的方式有两种：一种是单击"视图"菜单中的"监视"命令；另一种是单击"调试"工具栏上的"监视"窗口按钮。

打开"监视"窗口，如图 11.13 所示。若要添加一个监视表达式到"监视"窗口，选择"调试"菜单中的"添加监视"命令，打开如图 11.14 所示的对话框，在"表达式"文本框中输入需要监视的变量或表达式,通过设置"上下文"制定监视的范围,还可以设置"监视类型"。添加监视之后,随着程序的执行,"监视"窗口中的变量或表达式会同步更新。

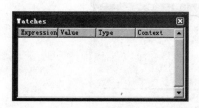

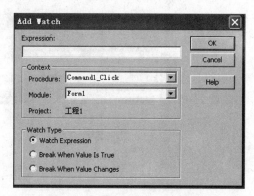

图 11.13 "监视"窗口　　　　　　　图 11.14 "添加监视"对话框

4. 单步调试和跳跃调试

为了找出程序中的错误,通常在怀疑可能有错的某条语句或某段语句的适当位置处设置断点,当程序执行到设有断点的语句时,程序的执行被暂停,从而提供了进入程序执行过程内部的机会,进而利用调试工具控制程序的执行,找出出错原因和出错的位置。

要想观察断点所在的行以及其后语句行的执行情况,可以使用"逐语句"功能进行单步调试。"逐语句"就是让程序在中断模式下一次只能执行一条语句,从而方便跟踪变量、表达式等取值的变化过程。实现"逐语句"的执行方法包括:

- 单击"调试"菜单中的"逐语句"命令。
- 按 F8 键
- 单击"调试"工具栏上的"逐语句"命令按钮

使用 Shift+F8 快捷键,可以实现"逐过程"调试,"逐过程"与"逐语句"的功能区别是,当被执行的代码行调用一个过程时,"逐过程"功能与过程的内部跟踪不同,它是把过程调用视为一个整体单元来执行,然后到达过程执行后的下一条语句。"逐过程"被调用过程包括 Sub 子过程、Function 函数过程。例外的情况是,被调用的过程中含有断点,则即便是"逐过程"方式,程序仍然会在过程内的断点处中断。实现"逐过程"执行的方法包括:

- 单击"调试"菜单中的"逐过程"命令
- 按 Shift+F8 键
- 单击"调试"工具栏上的"逐过程"命令按钮

在中断模式下,如果使用 Ctrl+Shift+F8 快捷键,可以实现"跳出过程"。"跳出过程"操作执行当前执行点之后的全部语句。若当前执行点正处于某个被调用过程内,则跳出该过程,并停在调用语句的下一条语句处,等待以后的操作。需要注意的是,"跳出过程"操作会被后继的断点截获。实现"跳出过程"执行的方法包括:

- 单击"调试"菜单中的"跳出过程"命令

- 按 Ctrl＋Shift＋F8 键
- 单击"调试"工具栏上的"跳出过程"命令按钮

11.2.3　如何捕获和处理错误

所谓捕获及处理错误(异常),是指在程序运行过程中出现异常时,为程序提供一条可执行的备选执行路径,使程序可以继续在这条备用的路径上继续执行下去。

对于应用程序中出现的语句错误及语法错误,必须将错误的语句及语法结构修改过来,否则应用程序将无法运行。

设置错误处理程序包括三个方面:设置错误捕获、编写错误处理程序和退出错误处理程序。

1. 设置错误捕获

(1) On Error Resume Next 语句

当应用程序中存在的错误不会影响程序的时候,可以采用 On Error Resume Next 语句将程序中的错误忽略。

On Error Resume Next 语句是对错误进行处理的最简单和最危险的方法。On Error Resume Next 语句规定,代码中的错误将完全被忽略,存在错误的代码行被跳过,然后继续执行下一个语句。

下面通过一个示例"添加错误处理"程序来讲解 On Error Resume Next 语句的具体用法。示例"添加错误处理"程序实现代码如下:

```
'添加了错误处理语句
Private Sub Command1_Click()
    '添加程序处理语句
    On Error Resume Next
    Dim i As String
    i=i+1
    MsgBox "Visual Basic 编程"
End Sub

'没有添加错误处理语句
Private Sub Command2_Click()
    Dim i As String
    i=i+1
    MsgBox "Visual Basic 编程"
End Sub
```

示例"添加错误处理"程序运行时,单击"测试 1"按钮,程序将正常运行弹出一个提示对话框,如图 11.15 所示;单击"测试 2"按钮时,将弹出一个提示"类型不匹配"的提示对话框,如图 11.16 所示。

可以看出,"测试 1"按钮和"测试 2"按钮中的程序代码除了"测试 1"添加了一条 On Error Resume Next 语句之外,其余的程序代码完全相同。但需要注意的是,只有在程序

图 11.15 "添加错误处理语句后的运行结果"对话框

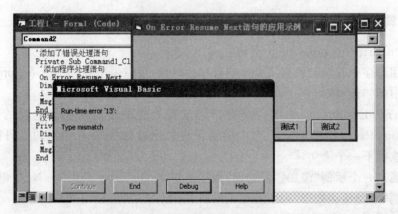

图 11.16 "没有添加错误处理语句后的运行结果"对话框

中出现的错误允许忽略的情况下,才能使用该语句。否则随意地使用该语句,程序中一些隐含的重要错误将无法被发现。

(2) On Error GoTo line 语句

当一个过程中出现了意料之外的错误时,该过程会产生许多问题。如果忽略这些错误,就会对用户产生严重的影响,比如数据没有保存,或者保存不正确。许多情况下,当出现代码错误时,必须执行某些操作,将代码的执行转移到 On Error GoTo 语句中指定的错误处理程序中。该语句的句法如下:

```
On Error GoTo line
```

语句中的"line"表示的是任何的行标签或行号。On Error GoTo line 使用格式如下:

```
Private Sub TestSub()
    On Error GoTo ErrorHandler
    '在此处的代码可能产生运行时异常,ErrorHandler 是一个行标签
    Exit Sub
ErrorHandler:
    '这些代码用来处理运行时异常
    Resume
```

End Sub

下面通过一个示例"转移错误处理"程序来讲解 On Error GoTo line 语句的具体用法。示例"转移错误处理"程序实现代码如下：

```
Private Sub Command1_Click()
    '定义两个操作数变量
    Dim num1 As Single
    Dim num2 As Single
    num1=Val(Text1.Text)
    num2=Val(Text2.Text)
    Text3.Text=num1 / num2
    Exit Sub
End Sub
```

示例"转移错误处理"程序运行时,在窗体中的"操作数 1"文本框和"操作数 2"文本框中输入数值信息之后,单击"计算"按钮,则会在"计算结果"文本框中显示两个操作数相除后的结果信息。如果输入了错误的操作数,例如在"操作数 2"文本框中输入了 0,此时单击"计算"按钮后,将弹出一个错误提示对话框,如图 11.17 所示。

图 11.17 "没有添加错误处理语句后的运行结果"对话框

显然,示例"转移错误处理"程序正常运行时不会出现问题,但在"操作数 2"输入 0时,将导致运行错误,异常终止。为上述代码增加错误捕获和处理功能,将示例"转移错误处理"程序改变成如下形式：

```
Private Sub Command1_Click()
    '添加程序处理语句
    On Error GoTo X
    '定义两个操作数变量
    Dim num1 As Single
    Dim num2 As Single
    num1=Val(Text1.Text)
    num2=Val(Text2.Text)
    Text3.Text=num1/num2
    Exit Sub
X:
```

```
MsgBox Err.Description, 16, "错误信息提示"
End Sub
```

修改示例"转移错误处理"程序后,按照修改前的操作步骤执行,在"操作数 2"文本框中输入了 0,此时单击"计算"按钮后,将弹出一个错误提示对话框,如图 11.18 所示。

图 11.18 "添加错误处理语句后的运行结果"对话框

经过上述处理后,当"操作数 2"中输入 0 时,程序不会异常终止。

在使用 On Error GoTo line 语句时,"line"代表标签或行号,"line"也可以是 0,即:

```
On Error GoTo 0 语句
```

On Error GoTo 0 语句表示取消对当前过程中的错误捕获。

2. 编写错误处理程序,显示出现错误信息

如果程序中出现了错误,可以通过设置错误捕获进行处理,还可以将出现的错误信息显示出来。那么怎样才能显示错误信息呢? 在 Visal Basic6.0 中,通过 Err 对象的相关属性可以实现这一功能。

在能够编写有效的错误处理代码之前,我们必须了解 VB 的 Err 对象,这是个运行期对象,它包含了关于最新错误的信息。当程序运行时遇到一个错误,或者当我们使用 Err 对象的 Raise 方法故意引发一个错误时,便形成 Err 对象的属性。当遇到 On Error 语句(如 On Error Resume Next),并且在使用 Exit Sub、Exit Function 或 Exit Property 语句退出一个过程后,Error 对象的属性值就被清除。若要显示清除 Err 对象,可以调用它的 Clear 方法。表 11.1 列出了 Err 对象的属性和方法。

表 11.1 Err 对象的属性和方法

属性/方法	说　　明
Number 属性	返回或设置表示错误的数值
Source 属性	返回或设置一个字符串表达式,指明最初生成的错误的对象或应用程序的名称
Description 属性	返回或设置错误相关联的描述性字符串

属性/方法	说　　　明
Clear 方法	清除 Err 对象的所有属性设置,可以手动调用这个方法,使用下列语句将自动调用该方法: • 任意类型的 Resume 语句 • Exit Sub,Exit Function,Exit Property • 任何 On Error 语句,即当程序重新设置异常捕获语句时,系统将自动清除以前的 Err 对象的属性值
Raise 方法	Raise 被用来生成运行时错误,并可用来代替 Error 语句。当书写类模块时要生成错误,Raise 是有用的,因为 Err 对象比 Err 语句可能提供更丰富的信息。例如,用 Raise 方法,可以在 Source 属性中说明生成错误的来源,可以引用该错误的联机帮助。其一般使用方式为: Raise Number,source,description,helpfile,helpcontext 只有 Number 参数是必需的。

下面通过一个示例"显示错误处理"程序来讲解编写错误处理程序,显示出现错误信息的具体用法。示例"显示错误处理"程序实现代码如下:

```
Private Sub Command1_Click()
    '添加程序处理语句
    On Error Resume Next
    Dim i As String
    i=i+1
    '显示出错处的错误描述信息
    MsgBox Err.Description
End Sub
```

运行示例"显示错误处理"程序,单击窗体中的"测试"按钮,程序将弹出一个提示对话框,在对话框中显示程序出现错误描述信息,如图 11.19 所示。

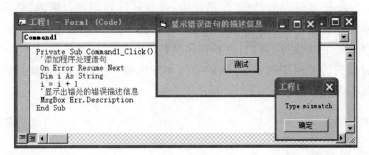

图 11.19 "添加显示错误处理语句的运行结果"对话框

示例"显示错误处理"程序运行后,通过语句 MsgBox Err. Description 会弹出错误描述信息的对话框。

3. 退出错误处理程序

错误处理完毕,使用 Resume 语句退出错误处理程序。

Resume 语句语法结构有以下 3 种形式。

(1) Resume 0 或 Resume:结束实时错误处理程序,并从产生错误的语句开始恢复运行。

(2) Resume Next:结束实时错误处理程序,并从紧随产生错误的语句的下一个语句恢复运行。

(3) Resume line:其中参数 line 是行标签或行号,是用来指定从第几行开始恢复运行,参数 line 所指定的行必须与错误处理程序处于同一个过程中。

11.3 实现步骤

对于程序出现错误信息的问题,如何解决呢? 对于应用程序中出现的语法错误及逻辑错误,可以通过程序错误调试来解决;如果出现的错误并不是代码本身的问题,则可通过编写错误捕获代码及时处理这种情况,避免应用程序异常终止。实现步骤如下。

1. 发现错误

启用 VB 集成环境提供的"自动语法检测"功能,发现、检测程序语法错误;利用调试工具发现并改正逻辑错误和执行错误。

2. 调试程序

通过设置断点、使用调试窗口、单步调试和跳跃调试等手段和方法调试程序。

3. 捕获并处理错误

利用 Err 对象记录错误的类型、出错原因;强制转移到用户自编的"错误处理程序段"的入口;在"错误处理程序段"内,根据具体错误进行处理,如果问题有解决方法,则在处理后返回原程序某处继续执行,否则,停止程序执行。

利用上面提到的实现步骤,用不同的手段和方法对"贷款计算"模块代码进行测试,并设置错误捕获程序,程序代码如下:

```
Private Sub Command1_Click()
    Dim itemX As ListItem
    Dim month As Integer
    Dim amount As Single
    Dim MonthRate As Single
    Dim remainder As Single
    amount=CSng(txtAmount.Text)
    remainder=amount
    month=CInt(txtTerm.Text) * 12
```

```
        MonthRate=CSng(txtRate.Text) / (100 * 12)
    If Combo1.Text="等额本金" Then
        Lv1.ListItems.Clear
        For i=1 To month
            Set itemX=Lv1.ListItems.Add()
            itemX.Text=i & "期"
            chbj=CCur(amount / month)
            chlx=CCur(remainder * MonthRate)
            che=chbj+chlx
            remainder=remainder-chbj
            itemX.SubItems(1)=chlx
            itemX.SubItems(2)=chbj
            itemX.SubItems(3)=che
            itemX.SubItems(4)=remainder
        Next
    ElseIf Combo1.Text="等额本息" Then
        Lv1.ListItems.Clear
        For i=1 To month
            Set itemX=Lv1.ListItems.Add()
            itemX.Text=i & "期"
            che=CCur(amount * MonthRate * (1+MonthRate)^month / ((1+MonthRate)^month-1))
            chlx=CCur(remainder * MonthRate)
            chbj=che-chlx
            remainder=remainder-chbj
            itemX.SubItems(1)=chlx
            itemX.SubItems(2)=chbj
            itemX.SubItems(3)=che
            itemX.SubItems(4)=remainder
        Next
    End If
End Sub
```

第 12 章　应用程序的打包和发布

本章的教学目标：

- 了解使用"打包和展开向导"发布应用程序的方法。

12.1　目标任务

利用 Visual Basic 6.0 自带的打包和展开向导工具，将银行贷款系统程序打包发布，生成安装文件，使最终用户可以在它们的计算机上安全、有效地使用已经开发完成的应用系统。

12.2　效果及功能

应用程序的打包和发布效果及其所具有的功能如下：

（1）使用 Visual Basic 的"打包和展开向导"发布工具进行应用程序发布、创建安装程序，实现在用户的计算机上进行应用程序的安装。

（2）通过展开应用程序、管理脚本、创建 Setup.lst 文件，实现"打包和展开向导"通过软盘、光盘、网络发布应用程序。

12.3　基础知识

12.3.1　"打包和展开向导"工具

利用"打包和展开向导"工具所进行的应用程序发布，不是简单的应用程序的复制，而是将应用程序运行需要的所有应用程序文件和 VB 系统文件进行打包和压缩，创建相应的安装程序。然后使用该安装程序，在最终用户的计算机上进行安装，从而保证开发完成的应用系统能够在用户的计算机上正常运行。

使用"打包和展开向导"发布应用程序包括两个步骤：打包和展开。

打包：将应用程序所需要的应用程序文件和 VB 系统文件进行打包和压缩，创建相应的安装程序。

展开：将打包后的文件拷贝到软盘、网络、本地文件夹或互联网上，以方便不同计算机环境下的用户进行安装。

常见的打开"打包和展开向导"有两种方法。

方法一：

（1）打开"开始"菜单。

（2）在程序组"Microsoft Visual Basic6.0 中文版"中的"Microsoft Visual Basic6.0 中文版工具"下打开"Package & Deployment 向导"。

方法二：

（1）打开准备发布的应用程序工程，进入 VB 集成开发环境。

（2）选择菜单栏上的"外接程序"命令，打开"外接程序管理器"对话框，如图 12.1 所示。

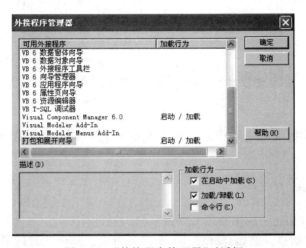

图 12.1　"外接程序管理器"对话框

（3）在"外接程序管理器"对话框的"可用外接程序"列表中选择"打包和展开向导"选项，在"加载行为"复选框组中选择"在启动中加载"和"加载/卸载"选项。

（4）单击"确定"按钮关闭该对话框。此时在 VB 集成开发环境的"外接程序"菜单中将出现"打包和展开向导…"菜单项，如图 12.2 所示。

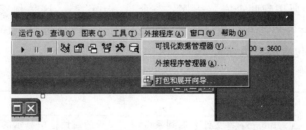

图 12.2　"外接程序"菜单

在工程中启动"打包和展开向导"工具后，就可以为该工程创建安装程序。

12.3.2　管理脚本

使用打包和展开向导，可以创建并存储脚本。所谓脚本，是指在打包或展开过程中所选择的记录。创建一个脚本就可以将这些选择保存起来，以便在以后的过程中为同一个工程使用。使用脚本可以显著节省打包和部署时间。此外,可以使用脚本以及静态模式打包和部署实用程序。

每次打包和部署工程时,Visual Basic 都会将有关过程的信息保存为一个脚本。工程的所有脚本都存储在应用程序工程目录的一个特别文件中。可以使用"打包和展开向导"的"管理脚本"选项查看当前工程所有脚本的列表,如图 12.3 所示。

图 12.3 "管理脚本"对话框

在这个对话框中,可以查看所有打包或部署脚本的列表、重命名脚本、创建新的脚本或删除脚本。

12.3.3 Setup.lst 文件

Setup.lst 文件描述了应用程序必须安装到用户机器上的所有文件,此外还包含了有关安装过程的关键信息。例如,Setup.lst 文件告诉系统每个文件的名称、安装位置以及应如何进行注册等。如果使用打包和展开向导,向导将自动创建 Setup.lst 文件。

Setup.lst 文件共有以下 5 段。

(1) BootSrap 段

该段包含 setup.exe 文件安装和启动应用程序所需的所有信息。例如,应用程序的主安装程序的名称、在安装过程中用的临时目录以及在安装过程的起始窗口出现的文字。

在安装过程中要用到两个安装程序:一个是 setup.exe,这是预安装程序;另一个是 setup1.exe,这是由安装工具包编译生成的。BootStrap 部分将为 setup.exe 文件提供指示。BootStrap 段包含的成员如表 12.1。

表 12.1 BootStrap 段包含成员

成员	描 述
SetupTitle	当 setup.exe 将文件复制到系统时所出现的对话框中显示的标题
SetupText	当 setup.exe 将文件复制到系统时所出现的对话框中显示的文字
CabFile	应用程序的.cab 文件名称,如果有多个.cab 文件,则是第一个.cab 文件的名称
Spawn	setup.exe 完成处理后要启动的应用程序名称
TmpDir	存放在安装过程中产生的临时文件分配的位置
Uninstall	用作卸载程序的应用程序名称

(2) BootStrap Files 段

该段列出了主安装文件所需的所有文件。通常这部分只包括 Visual Basic 运行时的文件。

下面的语句显示了"银行贷款系统"的 Setup. lst 文件中的 Boot Files 段中的部分条目。

```
[Bootstrap Files]
    File1=@VB6STKIT.DLL,$(WinSysPathSysFile),,,2/6/10 12:00:00 AM, 101888,6.0.84.50
    …
    File8=@msvbvm60.dll,$(WinSysPathSysFile),$(DLLSelfRegister),,2/23/10 9:40:30 PM,
1286496,6.0.97.82
```

上面每个文件都用一行单独列出,而且必须使用下述格式:

```
Filex=file,install,path,register,shared,date,size[,version]
```

例如上面的代码最后一行的意思是:File8 表示第 8 个安装文件;@msvbvm60. dll 表示安装文件名称;$(WinSysPathSysFile)表示安装目录;$(DLLSelfRegister)表示该文件是一个自注册的 Dll 或. ocx,或其他具有自注册信息的. dll 文件;2/23/10 9:40:30 PM 表示文件最后一个被修改的日期,1286496 表示文件大小,单位是字节;6.0.97.82 表示内部版本号码。

（3）Setup1 Files 段

该段列出的应用程序所需的所有其他文件,例如,exe 文件、数据及文本。以下是"银行贷款系统"的 SETUP. LST 文件中的 Setup1 Files 段的部分条目。

```
[Setup1 Files]
File1=@MSCMCCHS.DLL,$(WinSysPath),$(Shared),3/7/10 12:00:00AM, 124416,6.0.81.63
    …
File5=@PrjEmail.exe,$(AppPath),,,2/16/09 1:33:34PM,32768,1.0.0.0
```

（4）Setup 段

该段包含应用程序中的其他文件所需要的信息。常见的成员如表 12.2。

表 12.2　Setup 段中的常用成员

成员	描　　述
Title	将出现在安装期间的快速显示屏幕、"启动"菜单的程序组以及应用程序名称
DefaultDir	默认的安装目录。用户可以在安装过程中指定一个不同的目录
ForceUseDefDir	如果为空,则会提示用户输入一个安装目录;如果设为 1,则应用程序将自动安装到 Setup. lst 的"DefaultDir"所指定的目录中
AppToUninstall	应用程序在"控制面板"的"添加/删除程序"实用程序中出现的名称
AppExe	应用程序的可执行文件的名称

例如"银行贷款系统"的 Setup. lst 文件中的 Setup 段的条目如下。

```
[Setup]
Title=银行贷款系统
```

```
DefaultDir=$(ProgramFiles)\工程1
AppExe=PrjDaikuan.exe
AppToUninstall=PrjDaikuan.exe
```

（5）Icon Groups 段

该段包含了关于安装过程所创建的"启动"菜单的程序组的信息。每个要创建的程序组首先在 Icons 部分列出，然后制定一个单独部分（Group0，Group1，Group2 等），在此部分中包含关于这个程序组的图标和标题的信息。程序组从 0 开始顺序编号。例如，"银行贷款系统"的 Setup.lst 文件的 Icon Groups 段条目如下：

```
[IconGroups]
Group0=银行贷款系统
PrivateGroup0=-1
Parent0=$(Programs)
[银行贷款系统]
Icon1="PrjDaikuan.exe"
Title1=银行贷款系统
StartIn1=$(AppPath)
```

12.4 实现步骤

使用"打包和展开向导"工具可以创建两种安装程序：标准程序包和 Internet 程序包。标准程序包专门用于发布"标准 EXE"类型的应用程序，而 Internet 程序包专门为从 Web 站点下载而设计。本节将介绍发布"标准 EXE"类型应用程序的方法和步骤。

1. 打包应用程序

打包并创建安装程序的步骤为：

（1）打开准备为其创建安装程序的工程。

（2）单击"外接程序"菜单中的"打包和展开向导"命令，打开"打包和展开向导—激活工程"对话框，如图 12.4 所示。

（3）该对话框为"打包和展开向导"工具的主界面。在主界面的"激活工程"标签中显示准备被打包的工程。主界面上包含三个按钮，分别用于进行打包、展开和管理脚本。

（4）单击"打包"按钮，打开"打包和展开向导"对话框。

（5）如果没有编译过此工程，则在"打包和展开向导"对话框中单击"编译"按钮，使"打包和展开向导"工具对该工程自动进行编译。在编译完成之后，"打包和展开向导"工具提示保存工程，单击"是"按钮确认保存工程，并打开"打包和展开向导—包类型"对话框，如图 12.5 所示。

（6）"打包和展开向导—包类型"对话框中一般包括三种包类型。

① 标准安装包：按标准的安装程序进行打包，适用于"标准 EXE"类型的应用程序。

② Internet 安装包：创建用于互联网下载安装的文件包。

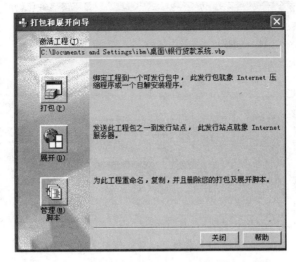

图 12.4 "打包和展开向导—激活工程"对话框

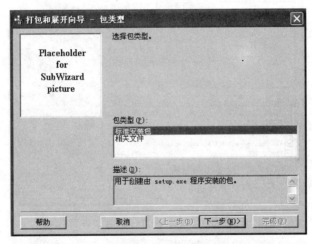

图 12.5 "打包和展开向导—包类型"对话框

③ 相关文件：创建一份记录应用程序所用到的运行时部件信息的从属文件。

选择"标准安装包"选项，然后单击"下一步"按钮，打开"打包和展开向导—打包文件夹"对话框，如图 12.6 所示。

（7）在"打包和展开向导—打包文件夹"对话框中指定存放打包文件的文件夹后，单击"下一步"按钮，则打开"打包和展开向导—包含文件"对话框，如图 12.7 所示。

（8）在"打包和展开向导—包含文件夹"对话框中自动列出了打包所需要的文件，可以从列表框中选择，也可以单击"添加"按钮增加其他所需要的文件。确定了包中所需文件之后，单击"下一步"按钮，则打开"打包和展开向导—压缩文件选项"对话框，如图 12.8 所示。

（9）在"打包和展开向导—压缩文件选项"对话框中根据需要选择"单个的压缩文件"或"多个压缩文件"。"多个压缩文件"适用于软盘安装。选择之后，单击"下一步"按钮则

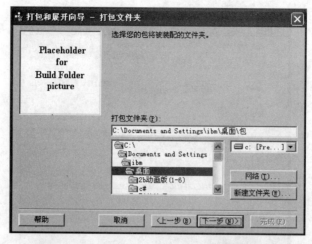

图 12.6 "打包和展开向导—打包文件夹"对话框

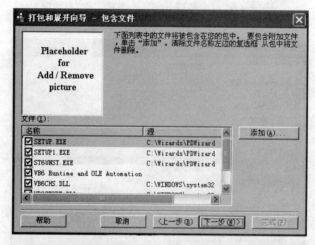

图 12.7 "打包和展开向导—包含文件"对话框

图 12.8 "打包和展开向导—压缩文件选项"对话框

打开"打包和展开向导—安装程序标题"对话框,如图12.9所示。

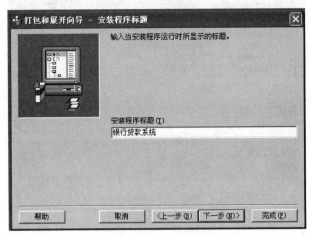

图12.9 "打包和展开向导—安装程序标题"对话框

(10) 在"打包和展开向导—安装程序标题"对话框中输入安装程序的标题,单击"下一步"按钮,打开"打包和展开向导—启动菜单项"对话框,如图12.10所示。

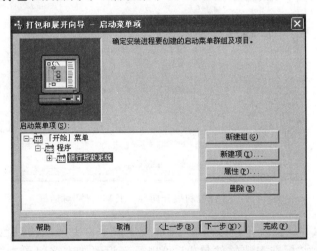

图12.10 "打包和展开向导—启动菜单项"对话框

(11) 在"打包和展开向导—启动菜单项"对话框中列出了安装应用程序之后,用于启动应用程序的启动菜单的结构。单击"下一步"按钮,则打开"打包和展开向导—安装位置"对话框,如图12.11所示。

(12) 在"打包和展开向导—安装位置"对话框中可以指定应用程序的安装位置,也可以采用系统定义的默认值。单击"下一步"按钮,则打开"打包和展开向导—共享文件"对话框,如图12.12所示。

(13) 在"打包和展开向导—共享文件"对话框中可以将某些文件设置为共享文件。若要设置为共享,则选中该文件名前的复选标志。操作之后单击"下一步"按钮,则打开"打包和展开向导—已完成"对话框。

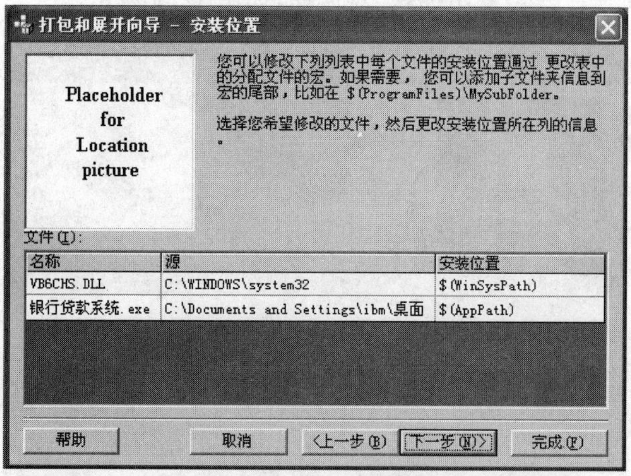

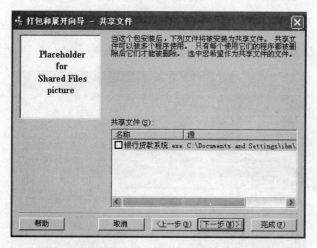

图 12.11 "打包和展开向导—安装位置"对话框

图 12.12 "打包和展开向导—共享文件"对话框

（14）在"打包和展开向导—已完成"对话框中提示以上所做的打包设置被存放在脚本中，默认脚本名为"标准安装软件包 1"，可以重新设置脚本名。单击"完成"按钮，应用程序的打包设置完成，并且创建了相应的安装程序。打包完成之后，将显示"打包报告"对话框，在该对话框上单击"关闭"按钮，则返回如图 12.4 所示的"打包和展开向导"工具主界面。

2．展开应用程序

展开是将打包后的文件拷贝到软盘、网络、本地文件夹或互联网上，以方便不同计算机环境下的用户进行安装。展开步骤为：

（1）在如图 12.4 所示的"打包和展开向导"主界面上，单击"展开"按钮，则打开"打包和展开向导—展开的包"对话框，如图 12.13 所示。

（2）打开"打包和展开向导—展开的包"对话框上的列表框，选择要展开的包之后，单

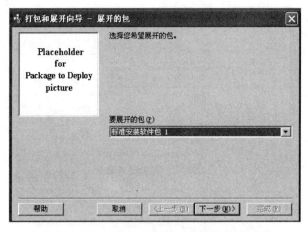

12.13 "打包和展开向导—展开的包"对话框

击"下一步"按钮,则打开"打包和展开向导—展开方法"对话框,如图 12.14 所示。

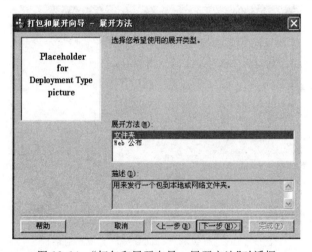

图 12.14 "打包和展开向导—展开方法"对话框

(3) 在"打包和展开向导—展开方法"对话框上选择文件包的展开方法。有两种展开方法:文件夹和 Web 发布。如果选择"文件夹",单击"下一步"按钮,则打开"打包和展开向导—文件夹"对话框,如图 12.15 所示,在该对话框上指出安装程序包在哪个驱动器的哪个文件夹中展开;单击"网络"按钮,可以进行网络配置,单击"新建文件夹"可以创建新文件夹;如果选择"Web 发布",单击"下一步"按钮,则打开"打包和展开向导—展开项"对话框,在该对话框上选择要展开的文件包。

(4) 当展开方法和位置确定后,在"打包和展开向导—文件夹"对话框(或其他两个对话框)上单击"下一步"按钮,则打开"打包和展开向导—已完成!"对话框,如图 12.16 所示。

(5) 在"打包和展开向导—已完成"对话框上输入保存展开配置的脚本文件名,然后单击"完成"按钮,则完成相应的展开操作,并且显示"展开报告"对话框。在"展开报告"对

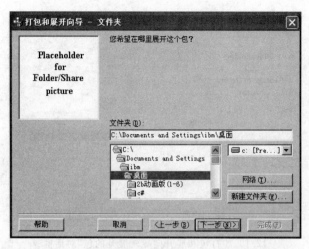

图 12.15 "打包和展开向导—文件夹"对话框

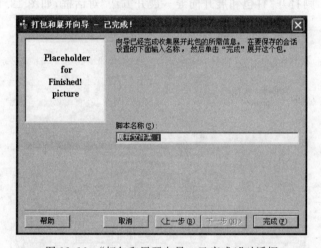

图 12.16 "打包和展开向导—已完成!"对话框

话框上单击"关闭"按钮,则完成全部展开操作,并且返回如图 12.4 所示的"打包和展开向导"主界面。

(6) 在"打包和展开向导"主界面上单击"关闭"按钮,完成全部"标准 EXE"类型应用程序的打包和展开操作。

至此,完成整个应用程序的打包过程。此时,可以在"C:\Documents and Settings\ibm\桌面\包"下面,找到一个 Support 目录和四个文件:银行贷款系统.CAB,setup.exe,SETUP.LST 和 Support。

3. 安装、测试应用程序

在打包和展开操作完成后,就可以在用户的计算机上采用软盘、文件夹或 Web 发布方式之一进行 VB 应用程序的安装。安装步骤如下。

(1) 运行 setup.exe 文件,出现安装程序的界面,如图 12.17 所示。

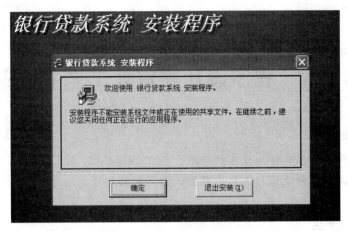

图 12.17　安装程序的界面

　　(2) 程序安装后,在"开始"菜单中就会看到"银行贷款系统"程序组。然后,就可以从"开始"菜单中打开"银行贷款系统"程序。

　　如果想删除安装后的"银行贷款系统"程序,选择"控制面板"中的"添加与删除程序",就会在注册应用程序列表中看到所要删除的程序,选中列表中的应用程序名,然后单击"添加/删除"按钮,就可以将已安装的应用程序从系统中删除。

第 13 章　程序设计在审计工作中的应用

本章的教学目标：

- 了解程序设计在审计工作中的作用；
- 理解编写程序解决审计工作中遇到一些问题的方法。

13.1　目标任务

在审计工作中，遇到一些问题时如果编写简单程序来解决，可以起到事半功倍的效果。有意识地积累一些小工具，在将来的审计项目中遇到相同问题就迎刃而解了。例如，从 A 数据库中把数据导到文本文件中，A 数据库的处理是每一万条记录插入一个空行，但要把这样的文本导入 B 数据库时，B 数据库就不能识别插入的空行，因此可以编写一个程序去除文本文件中的空行；当被审计单位的数据量很大，可能有几 G 时，无法将这样的大文本导入 SQL Server 数据库中，因此可以编写程序将大文本切割成若干个小文本，然后将这些小文本文件导入数据库，再在数据库中将它们链接；还可以编写简单程序将批量的 Excel 文件的部分字段导入 SQL Server 数据库预先设计好的表中；在大量的会议纪要、文件说明等非结构化文件中要进行关键字查询，也可以编写程序来解决，而且在很多审计项目中都可以使用这个工具。本章举几个简单的例子介绍程序设计在审计工作中的应用。

13.2　效果及功能

1. 文本文件去空行

问题如目标任务中所描述，从 A 数据库中把数据导入文本文件，A 数据库的处理是每一万条记录插入一个空行，但要把这样的文本导入 B 数据库时，B 数据库就不能识别插入的空行，因此可以编写一个程序去除文本文件中的空行。图 13.1 给出了一个原文本文件，为了能看到效果，假设每 3 条记录插入一个空行，编写程序删除空行后的效果如图 13.2 所示。

2. 非结构化数据全文检索

审计工作中经常会遇到一些非结构化数据，如会议纪要、文件说明等，它们并不像结构化数据那样可以用多个字段规范化描述信息。对于结构化数据的查询可以在关系型数据库中使用查询语句，而在大量的非结构化数据中进行关键字查询就不能简单地使用此

图 13.1　带有空行的文本文件

图 13.2　删除空行后的文本文件

方法。

Windows 操作系统自带的搜索功能存在不支持多关键字查询、速度慢等缺陷,而第三方软件也存在不安全等诸多因素。因此对非结构化数据全文检索的研究对于审计工作非常重要。

本例的数据来自实际被审计单位,文件结构如图 13.3 所示。在 D:\report 下存放 2007doc 和 2008doc 两个文件夹,这两个文件夹下分别存放有大量文件夹。文件夹以文件序号命名如♯655100039,下一级为包含会议纪要、文件说明等的压缩文件。因此,实现的非结构化数据全文检索工具的功能包括把压缩文件解压缩到指定目录、将文件导入 SQL Server 2008 中、根据关键字进行全文检索。非结构化数据全文检索工具的界面如图 13.4 所示,功能如下。

图 13.3　文件目录结构

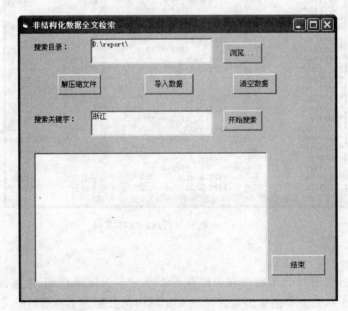

图 13.4　非结构化数据全文检索界面

　① 单击"浏览…"按钮,弹出如图 13.5 所示的界面,选择文件存放的目录,这里选择"D:\report";用户也可以在"搜索目录:"文本框中直接输入路径。

　② 单击"解压缩文件"按钮,将"D:\report"下的所有压缩文件解压缩到指定目录"D:

\report\word"下。

③ 单击"导入数据"按钮,将解压缩后的会议纪要、文件说明等文件导入 SQL Server 2008。

④ 单击"清空数据"按钮,清空数据库中的所有记录,用户可单击"导入数据"重新导入数据。

⑤ 在"搜索关键字:"文本框中输入要查询的关键字,如"浙江",也可输入多个关键字如"浙江 沈阳",单击"开始搜索"按钮,在列表框中显示文件内容中包含关键字的文件名及其路径,双击某文件可打开该文件。

⑥ 单击"结束"按钮,程序结束运行。

图 13.5　选择目录

13.3　实现步骤

1. 文本文件去空行

该程序非常简单,代码放在命令按钮的单击事件过程中,代码如下:

```
Private Sub Command1_Click()
    Dim strs As String
    Open "d:\Student.txt" For Input As #1
    Open "d:\Student1.txt" For Append As #2
    Do While Not EOF(1)
        Line Input #1, strs
        If strs <> "" Then
            Print #2, strs
        End If
    Loop
    Close #1
    Close #2
End Sub
```

2. 非结构化数据全文检索

(1) 创建数据库

按照第 2 章所述过程,在 SQL Server 2008 的 Microsoft SQL Server Management Studio 中创建数据库 fileSave 以及表 fileDo,表结构如图 13.6 所示。fileID 字段是文件号,从 1 开始;fileName 字段存放文件的路径及文件名;fileContent 字段存放会议纪要、文件说明等文件,该字段数据类型为 image。

(2) 建立全文检索

第一步:选中表 fileDo,单击鼠标右键,选择"全文索引",再选择"定义全文索引…",

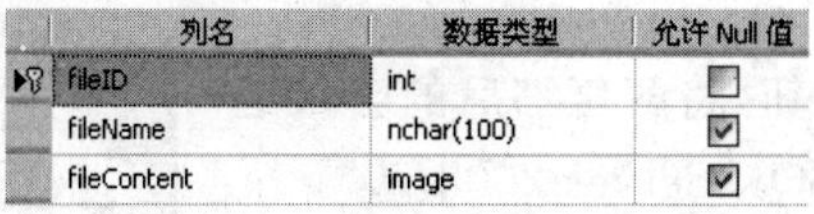

列名	数据类型	允许 Null 值
fileID	int	☐
fileName	nchar(100)	☑
fileContent	image	☑

图 13.6　表 fileDo 的结构

打开"全文索引向导"对话框,如图 13.7 所示,单击"下一步"。

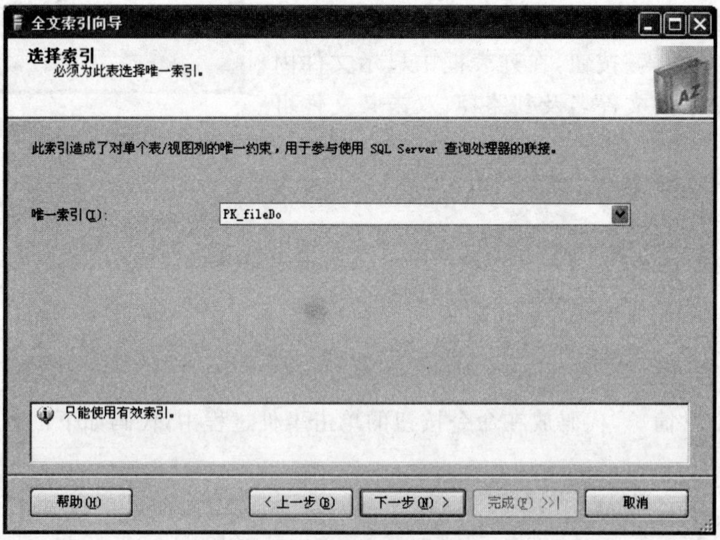

图 13.7　"全文索引向导"对话框

第二步:如图 13.8 所示选择表列,在此对话框中选择可以进行全文查询的基于字符或基于图像的列,这里选择 fileContent 列,类型列为 fileName,单击"下一步"。

图 13.8　选择表列

第三步：在"选择更改跟踪"对话框中保存默认值，单击"下一步"。在"选择目录、索引文件组和非索引字表"对话框中，在"新建目录"的名称中输入"test"，单击"下一步"，在下一个对话框中单击"下一步"。在"全文索引向导说明"对话框中单击"完成"，成功建立全文索引，如图 13.9 所示。

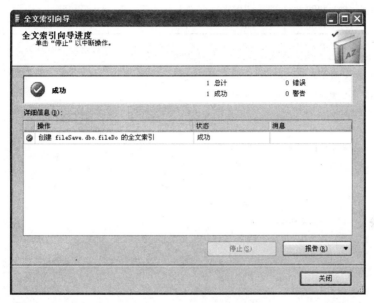

图 13.9　完成全文索引向导

（3）界面设计及实现

界面设计如图 13.4 所示，窗体和控件的属性设置如表 13.1 所示。

表 13.1　非结构化数据全文检索窗体和控件的属性设置

对象名	属性名	属性取值	对象名	属性名	属性取值
窗体 Form	名称（Name）	Form1		Caption	导入数据
	Caption	非结构化数据全文检索	命令按钮 4	名称（Name）	cmdClear
标签 1	Caption	搜索目录：		Caption	清空数据
文本框 1	名称（Name）	txtDir	标签 2	Caption	搜索关键字：
	Text	D:\report\	文本框 2	名称（Name）	txtKey
命令按钮 1	名称（Name）	cmdDir	命令按钮 5	名称（Name）	cmdSearch
	Caption	浏览…		Caption	开始搜索
命令按钮 2	名称（Name）	cmdWinRAR	列表框 1	名称（Name）	List1
	Caption	解压缩文件	命令按钮 6	名称（Name）	cmdEnd
命令按钮 3	名称（Name）	cmdImport		Caption	结束

单击"浏览…"按钮弹出"选择目录"界面，窗体和控件的属性设置如表 13.2 所示。

（4）编写事件过程

非结构化数据全文检索窗体代码如下：

表 13.2　选择目录窗体和控件的属性设置

对象名	属性名	属性取值	对象名	属性名	属性取值
窗体 Form	名称(Name)	Form2	File1	名称(Name)	File1
	Caption	选择目录	命令按钮 1	名称(Name)	cmdOK
Drive1	名称(Name)	Drive1		Caption	确定
Dir1	名称(Name)	Dir1			

```
Dim con As New ADODB.Connection
Dim rs As New ADODB.Recordset
Dim key(1 To 10) As String
Dim j As Integer

Private Sub Form_Load()
    con.Open "Provider=SQLOLEDB.1;Integrated Security=SSPI; & _
                        Initial Catalog=fileSave;Data Source=."
    rs.CursorLocation=adUseClient
    sql="select * from fileDo"
    rs.Open sql, con, adOpenKeyset, adLockOptimistic
End Sub


Private Sub cmdDir_Click()
    Form2.Show
End Sub


Private Sub cmdWinRAR_Click()
    Dim myfolder As Folder
    Dim item
    Dim numFolder
    Dim fso As New FileSystemObject
    Dim citem As String
    Dim fname As String
    Dim strZip As String
    Dim foldername As String
    Dim myFile As Scripting.File
    For i=1 To 2
        If i=1 Then
            Set myfolder=fso.GetFolder("D:\report\2007doc\")
        Else
            Set myfolder=fso.GetFolder("D:\report\2008doc\")
        End If
        If myfolder.SubFolders.Count >=0 Then
            For Each item In myfolder.SubFolders
                    '包含路径,如"D:\report\2007doc\# 655100039"
                numFolder=fso.GetBaseName(item)
```

```vb
                    '获得文件夹名,与数据库 sys_zdm 相同,如"#655100039"
                citem=item & "\"
                fname=Dir(citem)
                    '目录下的文件,如"BBFZ.ZIP"
                Do While fname <>""
                    fname=citem & fname
                    strZip="D:\report\winrar" & " e " & fname & " " & citem
                    Shell strZip
                    For Each myFile In item.Files
                            If Not (UCase$(Right$(myFile, 4))=".zip" Or _
                                        UCase$(Right$(myFile, 4))=".ZIP") Then
                                myFile.Copy "D:\report\word\"
                                Kill myFile
                            End If
                    Next myFile
                    fname=Dir
                Loop
            Next item
        End If
    Next i
End Sub


Private Sub cmdImport_Click()
    Dim rsstr1 As New ADODB.Stream
    Dim i As Integer
    Dim fileName As String
    pathname="D:\report\word\"
    fname=Dir(pathname)                         '目录下的文件,如"BBFZ.ZIP"
    Do While fname <>""
        i=i+1
        rsstr1.Type=adTypeBinary
        rsstr1.Open
        fileName=pathname & fname
        rsstr1.LoadFromFile fileName
        rs.AddNew
        rs("fileID")=i+1
        rs("fileName")=fileName
        rs("fileContent")=rsstr1.Read
        rs.Update
        rsstr1.Close
        fname=Dir
    Loop
    rs.Close
    Set rs=Nothing
```

```
    End Sub

    Private Sub cmdSearch_Click()
        Dim mulKey As String
        Dim sql As String
        Dim rs1 As New ADODB.Recordset
        List1.Clear
        If txtKey.Text="" Then
            MsgBox "请输入搜索关键字"
        Else
            Call getKey
            For i=1 To j-1
                mulKey=mulKey & "contains (＊,'" & key(i) & "')" & " And "
            Next
            mulKey=mulKey & "contains (＊,'" & key(i) & "')"
            rs1.CursorLocation=adUseClient
            sql="select fileName from fileDo where " & mulKey
            'sql="select fileName from fileDo where contains(＊,'浙江')" & " And " &
            "contains(＊,'沈阳')"
            rs1.Open sql, con, adOpenKeyset, adLockOptimistic, adCmdText
            For i=1 To rs1.RecordCount
                List1.AddItem rs1("fileName")
                rs1.MoveNext
            Next
        End If
        rs1.Close
        Set rs1=Nothing
    End Sub

    Private Sub getKey()
        Dim strKey As String
        Dim s As String
        Dim i As Integer
        strKey=txtKey.Text
        j=1
        key(j)=""
        For i=1 To Len(strKey)
            s=Mid(strKey, i, 1)
            If s <>" " Then
                key(j)=key(j) & s
            Else
                j=j+1
                key(j)=""
            End If
```

```vb
        Next
    End Sub

    Private Sub cmdClear_Click()
        Do While rs.EOF=False
            rs.Delete
            rs.MoveNext
        Loop
    End Sub

    Private Sub List1_DblClick()
        Shell "explorer " & List1.Text, vbNormalFocus
    End Sub

    Private Sub cmdEnd_Click()
        rs.Close
        Set rs=Nothing
        End
    End Sub

    '选择目录窗体代码如下:
    Private Sub Dir1_Change()
        Dim strPath As String
        strPath=Dir1.Path
        Form1.txtDir.Text=strPath
        File1.Path=Dir1.Path
    End Sub

    Private Sub Drive1_Change()
        Dir1.Path=Drive1.Drive
    End Sub

    Private Sub File1_Click()
        Dim filePath As String
        filePath=File1.Path & "\" & File1.fileName
        Form1.txtDir.Text=filePath
    End Sub

    Private Sub cmdOK_Click()
        Form2.Hide
    End Sub
```

参 考 文 献

[1] 董宛. Visual Basic 编程基础与应用[M]. 北京：清华大学出版社，2002.

[2] 李天真，李宏伟. Visual Basic 程序设计项目教程[M]. 北京：科学出版社，2009.

[3] 王长梗. 高级语言程序设计[M]. 北京：清华大学出版社，2002.

[4] 李春葆，金晶，曾平. Visual Basic 程序设计教程[M]. 北京：中国人民大学出版社，2008.

[5] 黄玉春. Visual Basic 程序设计与实训教程[M]. 北京：清华大学出版社，2006.

[6] 丁志云. Visual Basic 程序设计实验指导书[M]. 北京：电子工业出版社，2008.

[7] 周志德，刘德强，许敏. 可视化程序设计——Visual Basic[M]. 北京：电子工业出版社，2007.

[8] 李俊民，徐波. Visual Basic 轻松入门[M]. 北京：人民邮电出版社，2009.

[9] P. J. Deitel，H. M. Deitel. Visual Basic2005 大学简明教程[M]. 北京：电子工业出版社，2008.